N. NEUENS
CURÉ EN RETRAITE
A DIEKIRCH (GRAND DUCHÉ DE LUXEMBOURG)

MANUEL
PRATIQUE ET RAISONNÉ
DU

SYSTÈME HYDROTHÉRAPIQUE

DE

MONSEIGNEUR S. KNEIPP, CURÉ DE WOERISHOFEN

Précédé d'une attestation de Monseigneur Kneipp

TROISIÈME ÉDITION CORRIGÉE
Édition française seule autorisée

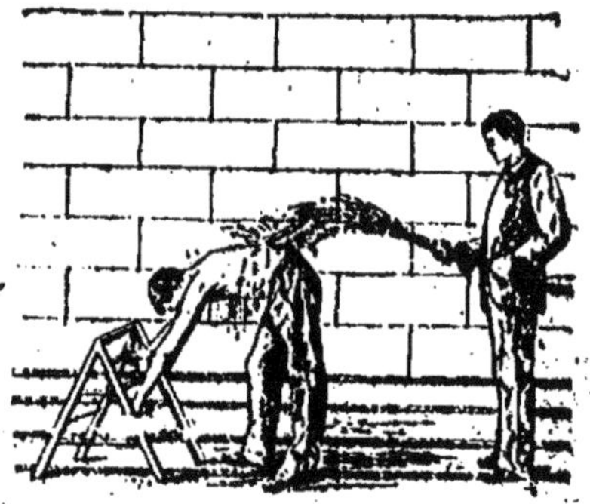

PARIS
P. LETHIELLEUX, LIBRAIRE-ÉDITEUR
10, RUE CASSETTE, 10

1899

MANUEL

DU

SYSTÈME HYDROTHÉRAPIQUE

DE MONSEIGNEUR S. KNEIPP

ATTESTATION

DE

MONSEIGNEUR S. KNEIPP

A L'AUTEUR DE CE LIVRE

J'atteste que M. Neuens, curé de Bivange, (grand-duché de Luxembourg), est resté auprès de moi pendant les mois de janvier et février **1892**, *pour compléter ses études sur la méthode hydrothérapique pratiquée à Wœrishofen.*

Non seulement il a suivi toutes mes conférences publiques, mais je l'ai admis, par privilège spécial, aux conférences particulières données aux médecins, et à toutes mes consultations aux malades. M. Neuens a donc acquis, sur ma méthode, des notions étendues et très exactes, et je me suis fait un bonheur de donner des solutions aux nombreuses questions qu'il m'a posées directement.

Je désire vivement que ce prêtre emploie ses connaissances pour l'honneur de Dieu et le soulagement de ceux qui souffrent.

Wœrishofen, 10 février 1892.

S. KNEIPP.

N. NEUENS
CURÉ EN RETRAITE
A DIEKIRCH (GRAND DUCHÉ DE LUXEMBOURG)

MANUEL
PRATIQUE ET RAISONNÉ
DU

SYSTÈME HYDROTHÉRAPIQUE

DE

MONSEIGNEUR S. KNEIPP, CURÉ DE WŒRISHOFEN

Précédé d'une attestation de Monseigneur Kneipp

TROISIÈME ÉDITION CORRIGÉE

Édition française seule autorisée

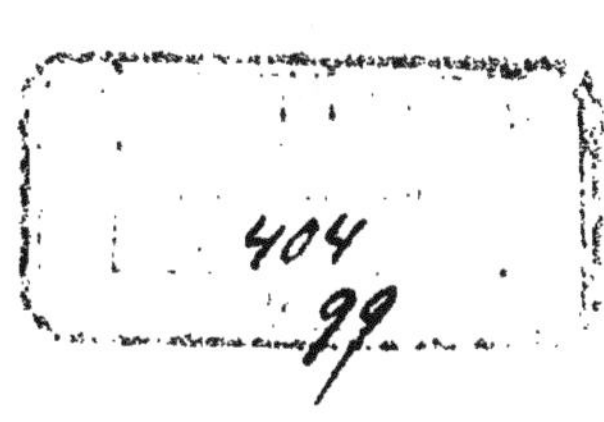

PARIS
P. LETHIELLEUX, LIBRAIRE-ÉDITEUR
10, RUE CASSETTE, 10

1899

PORTRAIT DE M. L'ABBÉ N. NEUENS

PRÉFACE

La célébrité dont jouit aujourd'hui le nom de Mgr Kneipp ne ressemble en rien à la vogue bruyante, tapageuse même, qui, pour un moment, entoure certains noms voués peu après à un oubli définitif. En voici la raison : d'une part, la réclame ou l'engouement populaire avaient fait grand bruit autour de découvertes que le temps n'avait pas encore justifiées ; tandis que, de l'autre, la reconnaissance universelle est venue tirer de l'obscurité qu'il aimait un prêtre oublieux de lui-même et tout dévoué aux misères de l'humanité.

Pendant quarante ans, le curé de Wœrishofen a donné ses soins à tous ceux qui les lui ont demandés, et pourtant, en dehors d'un rayon restreint, bien rares étaient ceux qui avaient entendu prononcer son nom. Si, depuis dix ans, la renommée, la gloire même ont fait du nom de Sébastien Kneipp l'un des plus universellement connus, c'est que des succès nombreux, indiscutables, ont couronné les expériences de l'hydropathe bavarois.

Un courant s'est établi vers Kneipp : les malades lui ont demandé la santé et, à un grand nombre, il a rendu les forces disparues ; les médecins ont voulu surprendre le secret de ses guérisons et, d'incrédules qu'ils étaient, beaucoup se sont déclarés ses partisans enthousiastes ; les curieux et les touristes sont venus à Wœrishofen contempler ce spectacle nouveau d'un prêtre qui, sans études médicales, guérit des maladies dont il ignore parfois même le nom et l'origine.

Sans que la vanité ait sur lui la moindre action, Mgr Kneipp continue, au milieu de la foule qui l'applaudit, à expérimenter sa méthode avec le même calme, le même oubli de soi qu'il le faisait aux jours où la presse n'avait pas jeté son nom au monde entier. Étranger à toute affectation, à toute recherche d'un langage technique, il donne des conférences publiques aux malades; les médecins l'écoutent et avouent que cet ignorant des théories de l'École a souvent rencontré la solution juste, et ils doutent même si, dans les questions où Mgr Kneipp émet une opinion opposée à la leur, son intuition géniale n'a pas raison contre leurs arguments scientifiques.

Mgr Kneipp a consigné en cinq ouvrages: *Ma Cure d'eau*; *Comment il faut vivre*; *Mon Testament*; *Soins à donner aux enfants* et *Codicille à mon Testament*, 1896; le résultat de ses expériences et de ses idées sur l'hygiène; ces livres, traduits en toutes les langues de l'Europe, sont connus de tous. Un grand nombre d'ouvrages composés par des médecins, des revues qui s'inspirent de Kneipp, ont propagé sa méthode; les « Kneippistes » se comptent par milliers, car par milliers se comptent les malades soulagés ou guéris par des applications d'eau froide.

Si donc la méthode de Kneipp lui a coûté cinquante années d'expérience, d'essais, de modifications, le succès récompense ses travaux ; et, s'il avait rêvé la notoriété, il pourrait s'estimer heureux d'une gloire aujourd'hui éclatante. Mais aucun des mobiles humains n'a inspiré la conduite du curé de Wœrishofen. Comme nous le disons dans *l'Esquisse biographique*, guérir les malades est pour Mgr Kneipp comme un nouveau sacerdoce, une seconde fonction sainte, dans l'exercice de laquelle il fait remonter jusqu'à Dieu tout succès et toute gloire. La seule joie de Mgr Kneipp est de voir les malades soulagés. Pourtant, il a quelques regrets, qu'il exprime parfois en ces termes :

« Beaucoup, dit-il, veulent être les apôtres « de ma méthode sans l'avoir suffisamment « comprise, et il la propagent, mais non telle « que je la conçois et la pratique moi-même. « Je ne prétends pas à l'infaillibilité ; je suis « persuadé que ma méthode peut et doit rece- « voir des améliorations, et, dans ces der-

« nières années surtout, j'ai beaucoup modifié
« mes traitements primitifs. Je suis disposé
« à le faire encore quand, par mes propres
« recherches ou les renseignements qu'on
« m'aura fourni, je croirai atteindre un
« perfectionnement nouveau ; mais je suis
« très peiné de voir parfois appliquer la
« méthode dite de « Kneipp » simultanément
« avec des remèdes qui lui sont étrangers,
« sous prétexte de la rendre plus efficace.
« Ces remèdes, qu'ils soient empruntés à la
« chimie moderne, au massage, à l'électricité
« ou à l'hydrothérapie commune, sont sou-
« vent nuisibles à l'organisme général, alors
« même qu'ils apportent un réel soulagement
« sur tel point particulier. Puissé-je trouver,
« ne fût-ce que douze hommes, qui consenti-
« raient à propager ma méthode sans y intro-
« duire leurs propres idées ! Le succès cou-
« ronnerait leur bonne volonté, et les malades
« seraient, en grand nombre, soulagés ou
« guéris. »

Sans doute, à Wœrishofen, sous le contrôle de Mgr Kneipp, les applications d'eau sont faites comme il le désire ; mais tous ne peuvent se rendre en Bavière. D'ailleurs, le système Kneipp est d'une nature telle qu'il peut être appliqué sans qu'il soit besoin à chacun de quitter sa vie ordinaire et de séjourner soit à Wœrishofen, soit dans l'une des nombreuses installations « kneippiennes » établies surtout en Allemagne. Le présent livre rendra donc service à ceux qui veulent se soigner eux-mêmes, car il renferme surtout la *pratique* du système Kneipp. Des ignorants et des imprudents ont obtenu de fâcheux résultats par les applications froides : c'est pour éviter de tels inconvénients que nous publions cet ouvrage.

Pendant plusieurs années, nous avons étudié tout ce qui a paru sur cette méthode ; pour pénétrer intimement la pensée du curé de Wœrishofen, nous sommes devenu pendant deux mois l'auditeur assidu de ses conférences publiques et, par un privilège spécial, de ses conférences aux médecins et de ses consultations aux malades. De plus, nous avons soumis à Mgr Kneipp nos difficultés, nos doutes, nos remarques, et il nous a donné des solutions consignées au cours de ce livre.

S'il paraît au lecteur de *Ma cure d'eau* que nous avons introduit quelques changements dans le traitement, surtout dans la manière de donner les affusions, nous répondrons que ces modifications sont l'œuvre même de Kneipp et le résultat de ses plus récentes expériences : ainsi traite-t-on aujourd'hui à Wœrishofen.

Nous voyons encore, dans la publication de notre livre, un autre avantage : fréquemment, à Wœrishofen, les Français et les Belges sont embarrassés parce que Kneipp ne comprend ni ne parle leur langue ; ils ne peuvent suivre ses conférences, et ils risquent de ne pas entrer dans la pensée même du système. Nous avons condensé en quelques pages les idées de Kneipp, sans y introduire rien qui lui fût étranger.

Il existe en allemand un grand nombre

d'ouvrages qui, à des degrés d'exactitude divers, renferment et commentent la pensée de Kneipp; mais, excepté *Ma cure d'eau*, *Comment il faut vivre*, *Mon testament*, *Codicille à mon testament* et *Soins à donner aux enfants*, et quelques récits pittoresques ou humoristiques de touristes, nous ne connaissons presque rien en français dans ce sens.

Nous serions heureux d'avoir rendu service aux malades français qui cherchent, dans la méthode Kneipp, la guérison de leurs maux; notre récompense sera de leur rendre le succès facile, en leur épargnant les tentatives infructueuses et les applications préjudiciables.

N. N.

INTRODUCTION

ESQUISSE BIOGRAPHIQUE SUR Mgr S. KNEIPP

INTRODUCTION

I. — Esquisse biographique sur Mgr S. Kneipp

Sébastien Kneipp naquit le 17 mai 1821 à Stefansried (Bavière), annexe de la paroisse d'Ottobeuren (Souabe), à trois lieues de la gare de Memmingen (sur la ligne d'Ulm à Lindau). Ses parents, pauvres mais pieux et actifs, élevèrent cinq enfants, auxquels ils transmirent les sentiments d'honnêteté et de foi qui les animaient. Le père était tisserand et avait choisi Sébastien pour son aide et son successeur. Mal logé comme il l'était, M. Kneipp avait dû installer son métier dans une cave où, à douze ans, le jeune Sébastien maniait déjà la navette, s'imposant, comme tâche journalière, de tisser cinq aunes de toile.

Mais, pendant que son corps s'adonnait à ce rude travail, l'âme de l'enfant se sentait attirée à une vocation supérieure : « Je veux être prêtre », se disait-il souvent ; puis il s'absorbait dans la pensée des obstacles que devait rencontrer son dessein. Sa famille était pauvre, accablée de dettes, et le métier du père devait faire vivre sept personnes! Aussi, chaque fois qu'il s'en ouvrait à ses parents, il recevait cette réponse : « Non, ne vous bercez pas de cette pen-« sée ; il n'y faut pas songer. »

Sébastien se disait que, s'il trouvait un prêtre assez dévoué pour se charger de son instruction, l'impossibilité disparaîtrait ; et, de douze à dix-sept ans, il sollicita en vain, de la part de vingt prêtres, le secours qu'il désirait. Tant d'échecs n'avaient pas diminué sa confiance en Dieu ni son désir du sacerdoce, qu'il sentait croître avec le temps.

A dix-huit ans, il fit le voyage de Kempten, éloigné de neuf lieues de Stefansried, pour solliciter du directeur du Gymnase l'admission gratuite dans les classes : ce fut une nouvelle démarche infructueuse.

Alors l'énergique jeune homme multiplie ses heures de travail pour faire quelques économies ; il se fait faire un lit, préparer tout son trousseau d'étudiant et achète une valise. Il semblait atteindre à son but quand, à vingt ans, il perd sa mère ; l'année suivante, il assiste à l'incendie de tout Stefansried. Il a tout perdu :

mobilier, trousseau, et 60 gulden (1 gulden = 2 fr. 50 à peu près), économisés par tant d'efforts, sont la proie des flammes ; il ne lui reste qu'une chemise grossière et un pantalon de coutil. Mais au cœur l'énergie lui demeure indomptable et s'anime en raison même des difficultés croissantes : « Si Dieu le veut, dit-il, tout « s'aplanira ; et, plus tôt ou plus tard, je serai « prêtre. »

Après avoir aidé sa famille à reconstruire la maison paternelle incendiée, Sébastien reprend ses courses, en quête d'un prêtre charitable : Turkheim, Augsbourg et Munich n'ont pour lui que des refus. Enfin il frappe un dimanche à la porte du vicaire de Groenenbach, à quatre lieues de Stefansried. Les instances du jeune homme sont si pressantes que l'abbé Mathias Merklé n'a plus d'objections à opposer et, huit jours plus tard, Sébastien commençait ses études !

Son trousseau n'était pas considérable : une chemise, un pantalon de coton, une blouse de toile et un bonnet tel que le portaient alors les jeunes gens ! Il fut logé et nourri chez le bourgmestre du lieu, dont la femme fit cadeau à Sébastien d'un long manteau usé qui, reteint, devint la seule robe que porta l'étudiant jusqu'à son entrée au grand Séminaire.

Il suivit son bienfaiteur à Augsbourg, où celui-ci venait d'être nommé vicaire; puis à Dillingen, où l'abbé Merklé enseigna la morale. Là existait un gymnase florissant où Sébastien crut trouver enfin ce qu'il rêvait depuis si longtemps ; mais le supérieur refusa de l'admettre, parce qu'il avait dépassé la limite d'âge, et il ne fallut rien moins que l'intervention d'un conseiller du gouvernement pour faire fléchir sa décision. C'était en octobre 1844 : l'étudiant avait vingt-trois ans.

Hélas ! habitué au grand air, à la vie active des champs qu'il n'avait pas abandonnée même pendant ses études, Sébastien commença à s'étioler à Dillingen, et, bientôt, fut réduit à un tel état de faiblesse que, chaque matin à son lever, il devait se tenir plus d'une demi-heure assis devant sa fenêtre avant de faire quelques pas.

En 1848, il entrait en philosophie à Munich, avec un pécule de 60 gulden pour son entretien et sa nourriture pendant tout le semestre d'été. Mais telle était sa sobriété qu'il ne mangeait qu'à midi et le soir, dépensant 7 kreuzers (1 gulden = 60 kreuzers) pour ces deux repas, et il pouvait, à la fin du semestre, acheter sa première soutane neuve ! Sa faiblesse augmentant, il se vit obligé d'interrompre ses études. Un jour, il se rend à la bibliothèque de la Cour dans l'intention de se procurer un livre qui l'occupât en le distrayant. Le hasard, ou plutôt Dieu qui le guide, lui fait mettre la main sur un volume portant pour titre: « *Instruction sur l'efficacité de l'emploi de l'eau fraîche*, par J. Sigmond Hahn, Breslau et Leipzig, 1738 et 1743. »

Il feuillette le vieil opuscule, où il trouve décrites et traitées, des maladies parmi lesquelles il reconnaît la sienne. Dans le désir d'expérimenter sur lui-même la méthode, il va chez un bouquiniste et lui achète un exemplaire de Hahn (Mgr Kneipp conserve précieusement encore aujourd'hui cet ouvrage).

Il occupa les loisirs de ses vacances de 1848 à étudier à fond l'ouvrage de l'hydropathe et, dès l'hiver suivant, l'expérimentait sur lui-même, allant trois fois par semaine se plonger dans le Danube par un froid de 10 à 15° R. (12 à 20° C.). Pourtant Kneipp eut dès l'abord l'intuition que Hahn proposait un traitement trop rigoureux; et lui ne prolongea pas son bain au-delà de trois secondes. Le résultat fut heureux : il sentait ses forces renaître et l'esprit devenir plus dispos au travail.

« J'avais, dit Kneipp, l'esprit d'innovation ;
« je l'appliquai à essayer, avec le demi-bain
« dont parle Hahn, les lotions et les affusions
« dont il semble ignorer l'emploi. Je tirai grand
« profit de toutes ces applications : j'étais un
« tout autre homme. »

Le jeune Kneipp put dès lors suivre, sans interruption, la première année de théologie à Dillingen et passer avec succès un examen qui lui procurait l'entrée gratuite au séminaire de Munich. Tout en se livrant au *Gregorianum* à l'étude de la théologie, il faisait son apprentissage de médecin hydropathe en guérissant deux de ses confrères atteints de phtisie et abandonnés des médecins. Secrètement, ils quittaient tous trois le dortoir vers minuit et, par 10 à 12° R. (12 à 15° C.) de froid, l'abbé Kneipp donnait à ses premiers malades des affusions et leur prescrivait des demi-bains, des lotions et des maillots. Les médecins qui avaient ausculté les deux poitrinaires ne savaient à quoi attribuer leur guérison ; le recteur, apprenant qu'ils avaient « kneippé » leur disait : « Je suis con-
« tent de vous voir rétablis, et aussi content que
« vous m'ayez caché un traitement fait dans des
« conditions et à une heure telles que je me serais
« vu forcé de vous l'interdire. »

Kneipp était passé *médecin* sans l'avoir cherché, et, dès ce jour, il lui fut impossible de refuser ses conseils à qui les lui demandait.

Le 6 août 1852, l'abbé Kneipp était ordonné prêtre à Munich par l'évêque d'Augsbourg et, peu après, envoyé à Biberach en qualité de vicaire. Après un séjour de six mois, il fut placé à Boos qu'il quittait, au bout de deux ans, pour remplir les mêmes fonctions vicariales à Augsbourg; en 1855, il était aumônier du couvent des Dominicaines à Wœrishofen.

Wœrishofen, village de 1.500 habitants, est situé en Souabe et appartient au diocèse d'Augsbourg; la station la plus proche est Turkheim, à une lieue de Wœrishofen, sur l'embranchement de Memmingen-Buchloë et sur les lignes d'Ulm et de Munich à Lindau. Pendant vingt-cinq ans, l'abbé Kneipp n'eut pas d'autres fonctions que l'aumônerie du couvent des Dominicaines: en 1880, il devint curé de Wœrishofen et obtint, plus tard, un vicaire pour l'aider dans une charge devenue trop lourde. Le 17 octobre 1893, Léon XIII a élevé Kneipp à la dignité de Camérier apostolique et a témoigné, par cet acte de haute justice, que tout le monde comprend et estime son dévouement surhumain envers l'humanité souffrante.

Tout en ne négligeant aucun de ses devoirs de prêtre, il continuait à donner ses conseils à ceux qui les sollicitaient, expérimentant la méthode et variant sans cesse les applications dont il est le créateur.

L'abbé Kneipp était le premier et le plus persévérant *kneippiste*, mais cependant avec beaucoup de modération ; toujours il se contenta d'une nourriture extrêmement simple, où entrent surtout les farineux.

« Aujourd'hui, dit-il, et depuis vingt-cinq
« ans, je jouis d'une parfaite santé sans avoir
« employé aucun des remèdes de l'allopathie ;
« je me suis guéri et, malgré mon âge déjà
« avancé, je puis, chaque jour, fournir une
« rude tâche de labeur. »

Dans ses nombreuses promenades autour de Wœrishofen, l'abbé Kneipp étudia les plantes qui y croissent spontanément ; son esprit chercheur, la constante préoccupation d'améliorer sa méthode, le conduisirent à tenter l'emploi des herbes qu'il prescrit aujourd'hui.

C'est donc par degrés qu'il entrait en possession d'un système si simple dans son exposé ; des bains, il était venu aux lotions, puis aux emmaillottements, et enfin aux affusions, qu'il regarde comme le plus efficace de ses remèdes.

Ainsi que l'abbé Kneipp l'affirme à ceux qui l'interrogent : « Je me suis formé à l'école de « l'expérience et dois peu aux livres, n'en ayant « pas lu d'autres, sur l'hydropathie, que l'ou- « vrage de Hahn. »

Par exemple il avait souvent expérimenté, dans sa jeunesse, combien, par la marche nu-pieds, sont atténués et dissipés les maux de tête ; et souvent il avait entendu les paysans affirmer se mieux porter en automne qu'en hiver, parce qu'en cette dernière saison il leur fallait se chausser.

Il avait de même fréquemment vu les garçons de ferme se laver le matin le cou et la poitrine à l'abreuvoir et y venir, le soir, prendre des bains de pieds pour dissiper la lassitude du jour.

N'avait-il pas aussi été témoin des soins donnés aux chevaux fatigués, alors que les paysans les conduisent à la rivière et leur versent sur la croupe ou le dos de l'eau puisée à pleins seaux? Et il en conclut que, toutes proportions gardées, ces mêmes affusions seraient utiles à l'homme, en ayant soin de les donner plus courtes, plus douces et plus localisées. Il découvrit ainsi son système d'affusions méthodiquement appliquées à telle ou telle partie du corps.

De plus, séchait-on les chevaux après les avoir arrosés d'eau? Ne les en avait-on pas inondés lorsqu'ils étaient en transpiration? Et loin d'en ressentir aucun dommage, ces animaux sortaient du bain comme tout renouvelés. Ici encore l'abbé Kneipp conclut que des affusions pratiquées pendant la transpiration et non suivies de frictions ne pourraient qu'être utiles à l'homme.

« La mollesse et la sensualité, dit-il, con-
« duisent à l'anémie ; et l'anémique a horreur de
« l'eau froide, jusqu'à ce qu'il ait expérimenté
« que l'usage de cette eau froide augmente la
« chaleur naturelle et lui refait un sang nou-
« veau. Agissez avec lui par degrés : des appli-
« cations d'abord simples et douces auront le
« double avantage de rester dans l'esprit de la
« méthode, puis de donner à l'anémique con-
« fiance et courage pour employer des remèdes
« qu'il estimera faciles et efficaces. L'eau fortifie
« la nature et lui apporte donc, contre la mala-
« die, un appui qu'on ne saurait négliger. Elle
« commence en tous les cas la guérison que,
« souvent, elle opère et achève à elle seule. »

Kneipp se déclare contre l'emploi simultané des applications de la cure d'eau et des médicaments chimiques de l'allopathie; sans doute ceux-ci apportent en certains cas un soulagement, mais ils nuisent souvent à l'organisme par la nature même du poison qui les constitue. Cependant il recommande l'emploi de certaines plantes, d'une parfaite innocuité et dont les sucs doivent servir soit de stimulant au malade, soit de véhicule pour l'élimination des matières malsaines.

« Jamais, dit-il, je n'ai prescrit de médica-
« ments dangereux aux nombreux patients que
« j'ai soignés; sans doute je ne les ai pas tous
« sauvés, mais je dois, en conscience, constater
« que j'en ai guéri un très grand nombre, de
« ceux mêmes que la médecine officielle avait
« déclarés incurables. » Des milliers de personnes, en effet, regardent Kneipp comme leur bon Samaritain, qui, modeste, sans prétention, et infatigable dans son dévouement, les a rendues à la santé alors qu'elles s'étaient crues abandonnées pour jamais à une vie de souffrance. Tous ceux qui l'ont approché ont admiré son calme absolu, sa ténacité dans l'application des remèdes. A ces vertus acquises il joint un coup d'œil génial dans la sûreté d'un diagnostic qui, souvent, a redressé les assertions des médecins qui l'entourent.

De quatre heures du matin à dix heures du

soir, été comme hiver, il est infatigable au travail et consacre aux malades tous les instants non réclamés par ses devoirs de prêtre.

De six heures et demie à sept heures et demie, il dicte les idées qu'il veut consigner en des ouvrages nouveaux; de sept heures et demie à huit et demie, il répond aux difficultés que lui soumettent ses secrétaires, difficultés relevées par eux dans la correspondance du jour.

Alors commencent les audiences que Mgr Kneipp continue jusqu'à ce qu'il ait satisfait tous ceux qui désirent le voir, ce qui prolonge son travail souvent au-delà de midi; les consultations reprennent à une heure et demie de l'après-midi pour ne se terminer qu'à cinq et même six heures du soir. Nous avons, en certains jours, vu défiler devant Kneipp plus de deux cent cinquante personnes au « Kurhaus ».

Malgré ces occupations accablantes pour un homme de soixante-treize ans, il trouve encore du temps et des forces pour donner chaque jour une heure de conférence soit au public de malades venus à Wœrishofen, soit aux médecins qui y séjournent pour étudier sa méthode. Quand il paraît, les applaudissements l'accompagnent jusqu'à l'estrade où il va causer familièrement, puis le silence se fait, absolu, religieux, et la foule demeure comme suspendue aux lèvres de ce simple, à qui Dieu a communiqué visiblement une intuition spéciale pour le soulagement de ceux qui souffrent.

Kneipp est un beau et grand vieillard, de constitution robuste, aux épaules larges, à la tête forte et expressive; les yeux, d'une singulière vivacité, sont protégés par une arcade proéminente, à sourcils longs et hirsutes, sous lesquels Kneipp jette son regard scrutateur qui semble pénétrer le malade jusqu'à l'âme. Sa parole est lente, claire, vibrante; son discours est vraiment lui-même, simple, original et tout émaillé de facéties spirituelles qui excitent l'hilarité des auditeurs. Dans cette parole animée palpitent la conviction de l'inventeur et la compassion du vrai philanthrope : on le sent, Kneipp regarde sa mission de « guérisseur » comme une mission spéciale intimement unie, pour lui, à sa vocation sacerdotale.

La cupidité n'a jamais été le mobile de ses actes; non seulement il n'a jamais rien sollicité comme honoraires, mais des milliers de malades ont quitté Wœrishofen sans témoigner à Mgr Kneipp leur reconnaissance; l'argent qui lui est spontanément offert est consacré à ses chers malades pauvres, pour lesquels il construit et dote des hôpitaux. Ses prédilections vont aux enfants et aux pauvres : il voudrait non seulement les soigner tous, mais avoir assez de ressources pour les loger et les nourrir.

Cet homme si calme connaît cependant les impatiences, quand des malades ne suivent pas ou suivent mal ses ordonnances.

Kneipp a établi près de lui trois médecins, dont il s'aide pour la diagnose des maladies ; mais il se réserve toujours de prescrire les applications qui lui semblent convenables. Alors même que ses docteurs ont conclu à des cas incurables, Kneipp formule une ordonnance qui, le plus souvent, aboutit à des résultats inespérés. C'est ainsi que, dans la seule année 1891, il a guéri cent cinquante de ces malades abandonnés, heureux aujourd'hui que le jugement de Kneipp ne se soit pas trouvé conforme au verdict de la science. A ceux qu'il reconnaît lui-même comme incurables, il donne sa parole affectueuse et des remèdes qui adouciront du moins leurs maux.

Loin d'être l'adversaire des médecins, il se déclare en toute manière leur ami : « Nous « travaillons de concert, leur dit-il, au soula- « gement de ceux qui souffrent. Examinez mes

« remèdes ; s'ils sont bons, acceptez-les, s'ils
« sont perfectibles, améliorez-les ; si vous en
« savez de meilleurs, ne les négligez pas. Mon
« seul désir est qu'enfin le jour se lève où les
« malades comprendront pratiquement qu'ils
« ne doivent pas attendre leur salut des méde-
« cines, mais des remèdes simples, qui, en for-
« tifiant la nature, lui fourniront le moyen de
« se rétablir elle-même. »

II. — Raisons d'être de la méthode de Kneipp

Les maladies sont la forme la plus ordinaire des fléaux envoyés ou permis par Dieu pour punir le péché. Mais ce Dieu, qui, dans sa bonté, nous a sauvés de la ruine totale, veut encore nous tendre une main secourable pour nous aider à supporter les suites de nos fautes et même à en écarter plusieurs.

Les hommes perpétuent, par leur volonté perverse, la présence du mal sur la terre, et les maladies, comme les fruits empoisonnés d'un arbre mauvais, se multiplient parmi nous. Elles y demeureront donc, faisant de la vie de plusieurs une longue souffrance que termine seule la mort.

« A la mort, pas de remède, » dit le proverbe. Mgr Kneipp ne prétend pas supprimer la mort, comme plusieurs de ses adversaires lui en ont ironiquement prêté le dessein; mais il établit que Dieu a disposé dans la nature les remèdes propres à retarder le plus possible notre heure dernière. C'est donc un bienfait inappréciable que nous apporte sa méthode, laquelle offre aux malades l'adoucissement puis la guérison de leurs maux.

Les moyens de guérir sont près de nous et faciles à appliquer; car la simplicité est le cachet des œuvres divines; mais, par un aveuglement funeste, les hommes ne les voient pas, refusent de les voir, ou s'obstinent à ne pas s'en servir, pendant qu'ils accordent leur préférence à des remèdes dangereux, mortels même.

Trop souvent aussi, par une sorte de fatalité, nous employons les vrais remèdes d'une façon préjudiciable à notre organisme.

Parmi les remèdes simples et efficaces, il faut ranger les prescriptions de Mgr Kneipp. Elles sont d'une application facile et ne peuvent qu'être bienfaisantes; mais, en raison même de leur simplicité, elles sont rarement bien comprises, ce qui fait dire à Mgr Kneipp : « Beau-« coup se croient assez intelligents pour com-« prendre ma méthode et ont juste la sottise « suffisante pour mal interpréter ma pensée. » En écrivant le présent livre, nous n'avons qu'un but : propager la méthode de ce véritable bienfaiteur de l'humanité et en assurer le succès, en facilitant à tous les malades la véritable application de ses prescriptions.

« Combien les hommes éviteraient de maladies s'ils connaissaient mieux les notions élémentaires qui doivent faire la règle de leur « vie physique. » Ainsi s'exprime Mgr Kneipp à propos du principe même de sa méthode; nous serions heureux d'avoir, pour notre part, fait adopter à plusieurs des prescriptions à la fois simples et raisonnables et dont l'efficacité, attestée par l'expérience, est expliquée par la science impartiale.

INDEX BIBLIOGRAPHIQUE

Les ouvrages publiés sur Kneipp sont :

I. — *Meine Wasser-Kur*, von S. Kneipp, Kempten (Bayern), Jos. Kösel (éditions diverses).
So sollt ihr leben! von S. Kneipp, Kempten (Bayern), Jos. Kösel (éditions diverses).
Rathgeber für Gesunde und Kranke, von S. Kneipp (Donauwörth, L. Auer, 1891).
Kinderpflege in gesunden und kranken Tagen, von S. Kneipp (Donauwörth, L. Auer, 1891).
32 *Vorträge des hochw. H. Pf. S. Kneipp, gesammelt, von Friedrich Mayer* (Linz, Verlag des katholischen Pressvereins, 1891).
Populäre Vorträge des H. Pf. Kneipp (Wörishofen, P. Schön, 1890).
Pflanzen-Atlas zu S. Kneipps « Wasser-Kur », J. Kösel, Kempten).

II. — Leurs traductions françaises :
Ma cure d'eau (Paris, P. Lethielleux, 10, rue Cassette).
Comment il faut vivre (Paris, P. Lethielleux, 10, rue Cassette).
Soins à donner aux enfants (Paris, P. Lethielleux, 10, rue Cassette).
Manuel de cuisine Kneipp rédigé par les dominicaines de Wœrishofen, sous le contrôle et avec l'approbation de Mgr Kneipp (Paris, P. Lethielleux). In.-12. 2 fr. 50.
Atlas des plantes (éditions françaises).
I. — Atlas en chromo. II. Atlas en phototypie.
III. — Atlas abrégé (*édition populaire*).
Mon testament (Paris, P. Lethielleux, 10, rue Cassette).
Codicille à mon testament (Paris, P. Lethielleux, 10, rue Cassette).

III. — Pratique du système Kneipp.
Manuel pratique et raisonné du système hydrothérapique de M. l'abbé S. Kneipp, par M. l'abbé N. Neuens (Paris, P. Lethielleux).
Du même auteur :
Médication interne de M. l'abbé S. Kneipp. — Régime. — Hygiène alimentaire. — Plantes médicinales (Paris, P. Lethielleux).

Traitement naturel des maladies aiguës et chroniques (Paris, P. Lethielleux).
Guide pratique de la véritable cuisine Kneipp (2e édition), 1 fr. 50 (chez l'auteur).
Bains atmosphériques. — La santé conservée ou réparée au moyen des seuls agents naturels, 2 francs (chez l'auteur).
L'hygiène de la table. — Le pain naturel et les aliments, 1 fr. 50 (chez l'auteur).

IV. — Une étude sur l'abbé Kneipp a été publiée sous le titre de :

Un curé allemand extraordinaire, par l'abbé A. Kannengieser (Paris, P. Lethielleux, 10, rue Cassette).

V. — Chaque année paraît le *Kneipp-Kalender* (Kempten Jos. Kösel). Édition française : *l'Almanach-Kneipp* (Paris, P. Lethielleux, 10, rue Cassette).

Das Buch vom Pfarrer Kneipp von Alphons vom Rhein (Kempten, Jos. Kösel, 1891).
Pharmacie domestique par J. A. Ulsamer (Paris, P. Lethielleux, 10, rue Cassette).

VI. — Les principales études sur la méthode Kneipp sont :

Kneipp und die Wissenchaft von Dr. Schlichte (Kempten, Jos. Kösel, 1892).
Die spinale Kinderlähmung, von Dr. Max Tacke (Kempten, Jos. Kösel, 1892, Heft).
Altes und Neues zur kneipp'schen Wasserkur, von Gottfried Wagner (Munchen, Konrad Fischer, 1890).
Wasseranwendung, Güsse, Wickel und Dämpfe, von Ludwig Geromiller (Wörishofen, P. Schön, 1891).
Pfarrers Kneipp Kleienbrod und Kraftsuppe von Gustav Bassler (Leipzig, Th. Grieben, 1891).
Pfarrers Kneipp Krafnäthrmittel und Leitfaden, von Friederich Oertel (Kempten, Jos. Kösel, 1891).
Licht und Schattenseiten des Kneipp'schen Systems von Pf. Löwenbrück (Munchen, Konrad Fischer, 1890).
Anwendung der Wasserkur für den Laien von Pf. Löwenbrück (Munchen, Konrad Fischer, 1890).
Cures pittoresques de l'abbé Kneipp à Wörishofen, par Ernest Göthals (Bruxelles, Société belge de librairie, 16, rue Treurenberg, 1890).
Applications d'eau, par Géromiller (Paris, V. Retaux et fils, 82, rue Bonaparte, etc , etc...).

CHAPITRE PREMIER

LA PENSÉE DE Mgr KNEIPP SUR LES MALADIES ET LEUR GUÉRISON

MANUEL PRATIQUE ET RAISONNÉ
DU
SYSTÈME HYDROTHÉRAPIQUE
DE
Mgr S. KNEIPP

CHAPITRE PREMIER

LA PENSÉE DE Mgr KNEIPP SUR LES MALADIES ET LEUR GUÉRISON

Notre existence pourrait être définie « la lutte pour la vie », le combat entre notre organisme et les *maladies* qui tendent à l'attaquer, à l'affaiblir et à le dissoudre.

Dès la première atteinte, la nature résiste au mal envahissant, en vue de rétablir l'harmonie troublée. Parfois, grâce à ses seules forces, elle demeure victorieuse ; mais, le plus souvent, elle a besoin d'un secours étranger qui lui apportera des forces nouvelles pour détruire la cause morbide et s'opposer à son retour.

Parmi les savants, les théories sont nombreuses sur l'*origine des maladies*, et il s'en faut de beaucoup que l'accord se soit fait sur ce point. Jusqu'aux XVIIe et XVIIIe siècles on les attribuait toutes, sans distinction, à l'irrégularité et à la corruption des *humeurs* ; plus tard sont venus des systèmes proposant de voir, dans les différentes affections, des troubles du système nerveux, des effets de la fièvre, etc... Des travaux récents ont démontré jusqu'à l'évidence que la théorie des évolutions *microbiennes* donne la *raison* de plusieurs maladies ; les expériences tentées pour les guérir sont loin d'avoir été aussi concluantes !

Parmi les différentes *causes* de nos souffrances, il faut distinguer : 1° les accidents, comme contusions, blessures ; 2° les maladies se rapportant à l'anémie, sans autre cause d'affaiblissement connue ; 3° les maladies nerveuses ; 4° les maladies inflammatoires dues à un afflux de sang vers un organe quelconque ; 5° les maladies causées par l'introduction de matières étrangères et malsaines dans le sang.

Fréquemment toutefois, ce qui, au début, n'était qu'un simple accident, un affaiblissement, ou un désordre nerveux, change de caractère et devient, par suite d'accidents secondaires, une véritable maladie d'un caractère inflammatoire ou infectieux.

Kneipp a donc raison d'affirmer que la plupart des maladies sérieuses sont produites par des *matières malsaines* introduites dans le sang qu'elles ont vicié, et dont elles ont troublé la circulation normale. Elles ont empêché l'assimilation, la nutrition complète des organes qui, affaiblis, se sont trouvés plus facilement atteints par la maladie.

Ces matières malsaines proviennent ou de l'extérieur, par l'introduction des microbes qui opèrent dans l'organisme leurs évolutions, comme dans les cas de maladies infectieuses et de maladies contagieuses ; ou elles se sont développées dans le sang qui en contenait les germes. Souvent aussi cette corruption du sang n'est qu'un accident secondaire survenu soit à la suite d'une contusion, d'une blessure, soit après une longue anémie qui a appauvri le sang de ses éléments vitaux.

Mais, quelle que soit la théorie admise sur l'origine de ces éléments morbides, la victoire est au système médical qui offre le plus de ressources pour les expulser.

Toutefois il n'existe pas de *remède* qui, par lui-même et sans le secours de la nature, puisse guérir une maladie. Le meilleur remède est celui qui offre à la nature, dans sa lutte contre le mal, un secours plus efficace à l'aide duquel les matières morbides sont expulsées, le sang purifié et enrichi, la circulation régularisée et ainsi la guérison commencée. Le meilleur et le plus universel de ces moyens est l'*eau froide* ; elle tonifie les organes, augmente leur nutrition et leurs forces, et par conséquent commence, de ce chef, le rétablissement de la santé. L'eau agit efficacement là où les autres remèdes sont impuissants ou trop peu actifs.

Contre les accidents qui n'ont point altéré le sang, comme les contusions et les blessures récentes, et contre les maladies simplement inflammatoires, l'eau est un excellent remède et agit par sa *fraîcheur* et son *humidité*.

S'agit-il d'une anémie simple, d'un affaiblissement sans maladie organique connue, l'eau agira par sa force *tonique* et *stimulante*.

Aux nerveux, elle apportera, par son *humidité*, un calme d'abord passager, puis constant. Elle guérit les inflammations par le *froid* qu'elle développe à la surface des organes auxquels elle est appliquée ; enfin, si des matières malsaines se sont introduites dans le sang, elle détermine l'organisme à les dissoudre et à les éliminer.

Cependant, malgré la force que l'organisme pourra retirer de l'emploi de l'eau, la maladie ne cédera pas sans résistance ; elle ne sera vaincue que par la persévérance dans l'usage rationnel des remèdes. « La restauration d'un édifice « qui menace ruine est une œuvre de longue « haleine ; ainsi, dit Kneipp, en est-il du rétablissement d'une santé compromise. »

A ceux qui, tout en reconnaissant la justesse des idées de Kneipp, regrettent qu'il ne les expose pas sous une *forme technique*, Mgr Kneipp répond : « Je n'ai pas fréquenté les écoles de « médecine ; j'ignore donc les termes scienti- « fiques sous lesquels sont désignées les mala- « dies. D'ailleurs je n'ai que faire d'un nom « savant ; je soigne la maladie telle que je la « vois et selon les formes multiples qu'elle revêt « dans les individus. Je la guéris, car je sais « où elle siège et d'où elle vient ; je n'ai nul « besoin de l'étalage technique, que j'admets, « mais auquel je demeure étranger. Je guéris « parce que je connais mes remèdes, l'eau et « les herbes ; je sais leur emploi et suis sûr de « n'être jamais nuisible à ceux à qui je les pres- « cris.

« Mon raisonnement, bien simple, est celui- « ci : Si le corps entier est atteint, j'agis sur « tout le corps ; une partie de l'organisme est- « elle seule attaquée, j'agis encore sur tout le

« corps dans toutes les parties duquel la mala-
« die a, par le sang, porté plus ou moins le
« malaise. J'opère sur tout l'organisme, certain
« d'agir ainsi plus efficacement sur la partie
« malade ; puis, après avoir obtenu une amélio-
« ration générale, je porte mes soins particuliè-
« rement là où le mal sévit avec le plus d'in-
« tensité. A mon avis, la plus grande faute qui
« se puisse commettre dans le traitement des
« maladies, c'est de se borner à localiser l'ap-
« plication des remèdes. Dans le cas même de
« tumeurs, d'inflammations locales, j'applique
« le traitement général. Si, au cours de ce trai-
« tement, surviennent, à la partie malade, des
« éruptions, des démangeaisons qui sont d'ail-
« leurs un excellent symptôme, je continue
« d'agir sur l'organisme entier pour assurer la
« guérison durable.

« L'eau communique au corps l'activité ; de
« l'activité naît l'assimilation, l'assimilation
« produit l'appétit ; or, de l'appétit excité ré-
« sultent le renouvellement du sang et le rejet
« de tous les germes morbides, d'où le réta-
« blissement assuré de la santé. *Toute ma mé-
« thode* est donc là : fortifier l'organisme par
« des remèdes d'une innocuité absolue ; l'orga-
« nisme fortifié éliminera la cause du mal.

« Rien de compliqué dans mon système ; « mais il demande à être compris et appliqué « avec simplicité. L'eau agit beaucoup moins « par elle-même que par la manière de s'en « servir. »

Un exposé aussi clair et aussi lumineux de sa méthode est-il donc si éloigné de la science, qui est toujours raisonnable ?

Mgr Kneipp ne prétend nullement avoir découvert la *vertu curative* de l'eau. « Le système « de l'hydrothérapie est ancien, » dit-on. — D'accord ; mais le grand mérite de Mgr Kneipp est d'avoir rappelé des principes facilement oubliés, d'avoir remis en honneur le fréquent usage de l'eau dans le traitement des maladies et d'avoir démontré l'entière justesse des applications qu'il en fait.

Et son expérience lui venant en aide, il a formulé sur ce point des principes que nul n'avait, avant lui, exposés avec autant de clarté. Par ses applications d'eau froide, Kneipp réconforte les corps affaiblis et débiles ; à une alimentation recherchée, souvent indigeste et excitante, il substitue un régime simple ; il impose à ses patients la tempérance comme le premier des devoirs, et un moyen indispensable à employer pour obtenir la régénération du sang.

Kneipp guérit les malades et peut ainsi constater les heureux résultats de son système. On a reproché à Kneipp la prétention d'appliquer l'eau comme un *remède universel*, et on en a conclu que la méthode du curé bavarois ressemblait à ces panacées de charlatans qui, étant propres à tout, ne sont en définitive bonnes à rien. « Chaque membre, a-t-on écrit, a comme « sa vie propre et ses maladies particulières qui « réclament des remèdes spéciaux; c'est donc « une erreur d'opposer un remède unique à des « maux différents. » D'abord il est faux que chaque membre ait sa vie propre : le même fluide nourricier porte partout la vie ; le même système nerveux commande à tous les mouvements et reçoit toutes les sensations. Donc un remède, comme l'eau froide, qui purifie le sang et l'enrichit en augmentant l'assimilation, qui calme le système nerveux irrité, aura une action générale sur tout l'organisme et donnera à la nature la force de résister au mal qui l'attaque en un point et sous une forme quelconques.

D'ailleurs n'est-il pas reconnu que l'affection, qui avait commencé par attaquer un membre, communique des malaises et parfois de réelles maladies à l'organisme entier? Il est donc efficace de s'opposer d'abord aux progrès du mal et de l'attaquer ensuite, par l'eau même, là où il siège avec plus de violence.

Plusieurs ont aussi prêté à Mgr Kneipp la prétention de guérir toutes les maladies, mais il s'en défend, disant : « Je me sers de l'eau « comme d'un très puissant auxiliaire pour « guérir ce qui est guérissable. Je n'attends « donc pas, par l'eau, la guérison de toutes les « infirmités ; elle n'opère pas de miracles, bien « que souvent son efficacité puisse être quali- « fiée de merveilleuse. » Mgr Kneipp ne fait pas difficulté d'avouer qu'il est des cas où l'eau ne peut agir que faiblement, et d'autres où elle est impuissante. Quand une maladie est à ce point développée qu'elle a, comme la phtisie avancée, dissous un organe, ou vicié complètement le sang, comme le font les fièvres infectieuses non combattues, l'eau ne saurait créer à nouveau un organisme détruit; d'ailleurs les cas d'impossibilité reconnus par Kneipp, il y a dix ans ou même cinq ans, sont de plus en plus restreints par ses récentes expériences et la modification qu'il a apportée aux traitements primitifs. Mais n'aurait-on pas pu prévenir, par une cure d'eau froide, dès le début de la maladie, un grand nombre de ces affections devenues mortelles?

L'eau est un remède chaque fois qu'il est possible de *stimuler* l'organisme, ce qui est toujours pratique tant que le mal n'est pas invétéré. Il est évident que le traitement est moins sûr s'il s'agit de maladies depuis longtemps chroniques, surtout si elles ont eu pour effet de déformer et d'ankyloser un membre, d'en atrophier les muscles, d'y amoindrir l'assimilation ; mais, dans ce cas encore, l'eau peut apporter du soulagement si le membre a une énergie vitale suffisante.

Les détracteurs de Mgr Kneipp lui ont dit aussi : « Si donc l'eau est, entre vos mains, un « remède universel, pourquoi employez-vous « *certaines herbes?* »

L'eau a une vertu curative puissante, mais qui ne dépasse pas un certain degré ; si donc il faut, pour attaquer un mal tenace, une puissance plus grande, les herbes viennent communiquer à l'eau un appoint par lequel la cure commencée devient plus efficace et plus sûre. « Les herbes, dit Kneipp, sont entre mes mains « des substances *nutritives* bien plus que des « remèdes ; elles stimulent sans doute ou dis- « solvent les matières malsaines, mais contri- « buent surtout à la nutrition des organes affai- « blis. »

La méthode de Kneipp guérit souvent, et un tel résultat suffit aux malades ; aux médecins qui ont mission de raisonner le traitement qu'ils imposent, d'étudier à fond les remèdes du célèbre hydropathe et, en présence des résultats, de chercher à expliquer une telle puissance. Ici encore la pratique précède la théorie ; c'est d'ailleurs la marche ordinaire des sciences expérimentales, dont la médecine fait partie. Rejeter la méthode de Mgr Kneipp, par la seule raison qu'elle est en dehors de l'enseignement des Facultés, ne serait-ce pas proclamer à nouveau l'infaillibité du *Magister dixit?*

D'ailleurs la méthode Kneipp a, par son principe même, l'appui du temps et l'autorité des savants. Dès l'antiquité, l'hydrothérapie a été prônée par des praticiens éminents ; si Kneipp en a fait des applications nouvelles, elles reposent sur les mêmes principes reconnus et peuvent donc, elles aussi, être facilement admises par une science impartiale (voir chapitre II).

Mgr Kneipp, dans ses efforts pour rendre aux malades la santé, se sert des moyens les plus doux et les plus inoffensifs ; il rejette donc les poisons et tout traitement violent.

Mgr Kneipp répugne absolument à l'emploi des

poisons, si souvent préconisés par les hommes de science. Voici, à ce sujet, son raisonnement : « Si le poison est administré à dose très faible « et comme infinitésimale, sa puissance de réac- « tion est nulle, la maladie se développe et « continue ses ravages ; si le poison est ingéré « en quantité plus considérable, il attaque l'or- « ganisme. Il est donc nuisible dans les deux « cas. En admettant même que certains poisons « puissent arrêter le progrès de telles ou telles « maladies, ne doit-on pas souhaiter que des « médecins habiles leur substituent d'autres « remèdes aussi efficaces et parfaitement inof- « fensifs ? Pour moi, l'eau froide est le remède « puissant et sans danger qui rend désormais « inutile l'emploi du poison ; les plantes dont « je prescris l'usage aident à l'action de mon « remède principal et ne peuvent également « nuire en aucune façon. »

C'est donc rendre à l'humanité souffrante le plus signalé service que de propager le système et d'initier le malade à l'appliquer avec intelligence.

C'est une conviction chez Kneipp que le progrès des sciences, qui s'est affirmé en tant de manières, devrait avoir fait comprendre que ce n'est pas en débilitant la nature qu'on la rétablit.

Il ne faut pas croire que tout système hydrothérapique appartienne à la méthode Kneipp. Le curé-médecin ne veut pas que les lotions soient suivies d'un *frottement* : « Par le frottement, les pores sont déchirés et la réaction « ne saurait être uniforme. De plus, les pores « sont ainsi trop dilatés, ils livrent facilement « passage à l'air extérieur : de là des refroidissements fort nuisibles.

« D'ailleurs le frottement est inutile : l'imbibition des pores par l'eau les dilate, et « l'activité de la peau est suffisante pour provoquer une évaporation et par conséquent une « réaction uniforme. Cependant, frotter à l'aide « d'un linge sec par-dessus un maillot humide « est chose à recommander. »

Le curé bavarois interdit plus énergiquement encore le *massage*, parce que les manœuvres qu'il nécessite brisent les vaisseaux capillaires sanguins et lymphatiques, et qu'il n'amène jamais l'élimination des matières malsaines introduites dans le sang. Le massage est remplacé avantageusement par les affusions en général et surtout par l'affusion dite fulgurante. Presser, remuer un membre lourd est souvent un bon expédient.

Mgr Kneipp ne nie pas les bienfaits qui, parfois, résultent de l'emploi de l'*électricité*, mais il fait remarquer qu'il s'en faut qu'elle soit applicable à tous les cas et à toutes les constitutions. Elle est souvent pour le patient, alors même qu'elle procure une amélioration sur tel organe atteint, une souffrance parfois générale. Les percussions violentes ont surexcité le système nerveux et développé des malaises : les inconvénients, on le voit, balancent de douteux avantages. D'ailleurs, si une certaine tension électrique est nécessaire au corps, elle est produite sans violence ni danger par les lotions, affusions, et surtout par l'affusion dite fulgurante. Par les applications hydrothérapiques, le sang est amené aux organes qu'il nourrit ; résultat qui ne saurait être atteint par les appareils électro-dynamiques, les percussions étant incapables de régulariser la circulation qu'elles ont un instant excitée.

Les *douches froides*, telles qu'elles sont administrées dans les établissements ordinaires, ne sont pas admises par Kneipp. Ces douches sont trop violentes, provoquent une évaporation trop forte et n'amènent qu'une très faible réaction. De plus, par le froid excessif qu'elles causent, elles ferment subitement les pores de la peau et, par conséquent, arrêtent la transpiration ; le patient n'a donc subi qu'une déperdition considérable de calorique. Pour un instant, la chaleur se développe ; mais bientôt après le froid survient et subsiste. La circulation n'a été que troublée par la force du jet, sans avoir été régularisée, et la nature, violentée un moment, retombe ensuite dans un affaiblissement plus considérable.

L'affusion appelée fulgurante par Kneipp n'est point une douche ; ce n'est qu'une affusion totale dans laquelle la force de percussion du jet est augmentée, mais sans atteindre à la violence brusque des douches communes. Pratiquée par un infirmier expérimenté, cette affusion donne, dans certains cas, les meilleurs résultats.

Mgr Kneipp rejette complètement les *compresses à la glace*, comme trop violentes et abaissant trop la température du corps.

Kneipp ne veut pas plus *que l'on sèche* le corps après une application : les pores, étant ouverts et rapidement débarrassés de l'eau, laissent libre accès à l'air et au froid extérieur qui entrent dans l'organisme, où ils détruisent ainsi l'effet salutaire de l'eau et provoquent des accidents tels que rhumatismes, inflammations, etc.

On a parfois reproché à Mgr Kneipp la contradiction suivante : « L'eau froide, lui a-t-on dit, « *enlève de la chaleur au corps*, donc elle doit « être nuisible au malade. »

A cela, il répond : « Si mon malade est tour- « menté de la fièvre, je lui enlève par l'eau « l'excès de la chaleur qui l'irrite et je lui pro- « cure ainsi un calme réparateur ; dans tout « autre cas, la première déperdition de chaleur « qui suit l'application est largement compensée « par l'augmentation de calorique amenée par « la réaction. Toujours l'eau régularise la circu- « lation et en porte l'activité à un point nor- « mal. »

La *chaleur normale* du corps doit être conservée avec grand soin; en cela surtout se fera remarquer l'art de l'hydropathe. C'est une profonde erreur que l'objection suivante faite aux affaiblis : « Vous n'avez que peu de sang et peu « de chaleur naturelle ; pourquoi donc vous « exposer, par des applications téméraires d'eau « froide, à perdre ce peu de calorique qui vous « reste ? »

C'est une égale erreur d'avancer que les applications d'eau froide *surexcitent* et *débilitent*. Aucune application d'eau froide ne surexcite par elle-même ; ce sont, ou l'imprudence dans la durée, ou les mauvaises conditions du traitement qui peuvent la rendre nuisible; Mgr Kneipp rejette les applications longues, fréquentes ou rudes; il les condamne comme des excès qui n'ont d'autres résultats que de refroidir un organisme qu'elles auraient dû inciter modérément, pour en augmenter le calorique.

A ceux qui *commencent* à employer l'hydrothérapie et aux personnes faibles, il ne faut prescrire que des applications très douces, jusqu'à ce que l'organisme soit comme endurci par l'habitude et que la chaleur animale soit augmentée. Par exemple, on pourrait, pendant les trois premiers jours, se borner à une simple lotion du buste, le matin en quittant le lit et y rentrant ensuite pour une demi-heure au moins; cette lotion devra être achevée en une demi-minute. Ensuite on fera pendant quinze jours la lotion du buste et la lotion totale en alternant chaque jour; pendant ce temps, on prendra chaque semaine, l'après-midi, trois affusions des genoux et deux demi-bains de trois secondes en alternant. Ainsi la chaleur sera augmentée; avec des forces nouvelles, le malade sentira renaître en lui l'espérance, et il se résoudra volontiers à la médication de Mgr Kneipp.

En hiver, il ne faut faire en général que les

applications les plus simples, telles que lotions, demi-bains, marche nu-pieds dans l'eau, etc.

Si le patient ne parvient pas à se *réchauffer étant au lit*, il ne doit pas chercher à se procurer de la chaleur soit par une grande quantité de couvertures, soit par des briques ou des bouillottes chaudes; ces expédients ont un double désavantage : ils amollissent l'organisme, puis deviennent une véritable nécessité. Le meilleur moyen d'obvier à ce refroidissement persistant est de se laver la poitrine et l'abdomen avec un linge simplement humide ; cette opération se fera après un quart d'heure ou une demi-heure de séjour au lit. Souvent cela suffit pour augmenter la chaleur naturelle. Dans le cas contraire, on recommencerait après deux heures, en comprenant cette fois le dos dans la lotion, après laquelle on se recouchera. Des applications plus fortes, telles que lotion totale, demi-bain, marche dans l'eau, seraient préjudiciables aux personnes affaiblies et ne pourraient qu'augmenter en elles la déperdition du calorique.

Si, au courant de la cure, le patient venait à souffrir d'*un refroidissement*, il devrait, pendant cinq jours, suspendre toute application, excepté la lotion du buste et les lotions totales.

Ainsi qu'on le voit, Kneipp n'est en rien, dans

son système, l'homme violent qu'on lui reproche d'être.

Il ménage, au contraire, les constitutions affaiblies, et sa longue expérience lui a fourni les moyens d'arriver, par des voies détournées, à les rendre capables de supporter le traitement complet.

C'est dans les excès relatifs à la fréquence, à la longueur et à la violence des applications froides que tomba *Priessnitz*, le prédécesseur de l'abbé Kneipp, le fondateur de l'hydrothérapie moderne.

Les *hydropathes qui suivirent* crurent obvier à tout effet funeste en élevant la température de l'eau, et commirent ainsi une erreur aussi préjudiciable que la première, car le propre de l'*eau tiède* est de distendre et d'affaiblir les tissus. Dans les premiers jours du traitement à l'eau tiède, une sorte de réaction bienfaisante semble d'abord se produire ; mais la cure demeure bientôt stationnaire sans aboutir à la guérison.

Mgr Kneipp a, pendant vingt années, fait maints essais d'application d'eau tiède ; il y a ensuite complètement renoncé, en présence de l'insuccès constant de ses tentatives.

L'hydropathe peut, dans certains cas, prescrire

l'emploi de l'eau chaude; il n'emploiera presque jamais l'eau tiède.

Signalons encore un défaut de l'hydrothérapie telle que la pratiquèrent les successeurs immédiats de Priessnitz : ils *localisèrent* le traitement en n'appliquant l'eau froide que sur les parties malades, au lieu de chercher par un traitement moins restreint une excitation générale du corps. Mgr Kneipp préfère, pour ses applications, l'eau la plus froide ; mais il exige que le traitement soit doux et d'une très courte durée.

Il prescrit d'agir sur *tout le corps* par des applications générales ; c'est en cela que consistent la force et la nouveauté de son système.

En recommandant de *ne pas sécher* le corps après une application, la méthode Kneipp assure, comme nous l'avons expliqué, une réaction bienfaisante plus uniforme et qui, en aucun cas, ne saurait être nuisible. D'ailleurs l'expérience du système n'est plus à faire ; et les adversaires du célèbre hydropathe proclament eux-mêmes que les résultats obtenus ainsi sont supérieurs à ceux de toute autre méthode.

Pourtant, il s'en faut que tous se rendent à la clarté, à l'évidence du principe ; il se trouve encore trop de praticiens qui prescrivent des applications, des bains tièdes ou chauds, lesquels, continués pendant des semaines entières, affaiblissent le malade dont ils sont impuissants à rétablir la santé.

Cependant, parce que le système Kneipp paraît rude à ceux qui ne le comprennent pas et l'appliquent mal, il rencontre beaucoup d'adversaires parmi les malades qu'il devrait sauver, et parmi ceux mêmes dont le devoir professionnel est de s'instruire des méthodes qui assurent la guérison certaine et prompte des infirmités.

Plusieurs sont allés jusqu'à qualifier d' « homicide » la cure prescrite par Mgr Kneipp, dont ils attaquent « la violence et la rudesse ». Disons une dernière fois que l'hydrothérapie violente n'est jamais admise par Mgr Kneipp, et que ce bienfaiteur des hommes ne saurait avoir comme contradicteurs irréconciliables que les esprits qui se dérobent à l'évidence et refusent d'être instruits des choses les plus importantes à notre vie physique.

Tous les reproches adressés à Mgr Kneipp portent le cachet de l'ignorance ou de l'injustice. Sa méthode, à la fois sage et raisonnée, demande à être étudiée comme toute autre. Si des malades, des praticiens même ont voulu s'en servir sans l'avoir approfondie, faut-il s'étonner qu'ils n'aient pas obtenu de bons résultats? et sont-ils fondés à rejeter sur Mgr Kneipp l'insuccès de leurs tentatives?

« Mais, dit-on, les applications peuvent être « dangereuses! » — Les poisons employés par l'allopathie ne le sont-ils pas?

Il est évident que l'eau doit être appliquée avec discernement; mais elle ne saurait en aucun cas, avoir les résultats funestes des médicaments chimiques employés par un ignorant.

Quant à ceux qui se bornent à condamner le système sous prétexte qu'il n'est pas scientifique, peut-être feraient-ils mieux de le réfuter sérieusement au nom de la science. D'ailleurs quels arguments opposer à l'évidence? Les guérisons sont là, nombreuses et étonnantes, qui attestent la sûreté de la méthode de Mgr Kneipp.

CHAPITRE II

COMMENT S'EXERCE LA VERTU CURATIVE DE L'EAU

CHAPITRE II

COMMENT S'EXERCE LA VERTU CURATIVE DE L'EAU

La plupart des maladies sont dues, ainsi que nous l'avons établi, à l'introduction dans le sang d'éléments morbides, lesquels ont porté le trouble dans l'organisme. Conséquemment, l'activité a diminué avec la force, la chaleur vitale s'est abaissée dans la même proportion et le froid s'est répandu dans les tissus. La nature s'efforce sans doute de rétablir la chaleur nécessaire à l'existence, et c'est ce que nous avons nommé « la lutte pour la vie » ; mais, si elle n'y parvient pas, le froid et l'inactivité conduiront le malade à la mort.

Quel remède apporter à ce danger? Quel secours peut, en ce cas, procurer l'hydropathe? Avant tout, l'hydropathe doit, par l'emploi de l'eau, augmenter la chaleur de l'organisme et stimuler son activité ; éliminer de la circulation les matières malsaines, puis régulariser le cours du sang ; fortifier le corps par une sorte de renouvellement de ce sang purifié et enrichi.

Est-il vrai que l'eau ait une action suffisante pour ces effets ?

En attendre de tels bienfaits, n'est-ce point aller contre les données de la science et de la raison ?

§ 1. — De l'usage externe de l'eau

Il est démontré physiologiquement que l'usage *externe* de l'eau a une action sur le corps en raison de sa *température* et de sa *masse*.

L'eau peut agir sur la peau : 1° par sa fraîcheur ; 2° par son humidité ; 3° par sa pression ; 4° comme vapeur.

1. — *L'eau agit comme remède par sa fraîcheur.*

Elle est, pour la peau, un astringent qui en contracte les pores et les vaisseaux capillaires ; elle agit ainsi sur les nerfs et sur la circulation.

Les nerfs, tout d'abord affectés, portent cette impression au cerveau et à la moelle épinière ; cette excitation bienfaisante passe aux organes de la respiration, à ceux de la circulation et ainsi à tout le corps, dont elle augmente la chaleur et tonifie les tissus. La contraction des vaisseaux capillaires augmente la rapidité du trajet sanguin dans les veines qui ramènent le sang au cœur; ainsi se trouve modifiée, excitée, la circulation générale. L'activité nouvelle communiquée à la peau par l'eau y attire le sang, qui, tout en circulant plus librement, comme nous venons de le dire, afflue davantage vers les parties mouillées et y augmente, par conséquent, la chaleur naturelle. En même temps, l'eau absorbe une partie de la chaleur du corps: le refroidissement local et partiel amène un afflux plus considérable de sang et, de ces multiples réactions, naît encore une augmentation de calorique.

L'application de l'eau froide contracte d'abord fortement les muscles de la poitrine, puis elle rend la respiration plus complète, plus profonde et plus libre ; on comprend comment, de ce chef encore, le sang, purifié plus vite et plus parfaitement, porte dans tout le corps une activité plus considérable.

Ainsi donc, par cette augmentation de la combustion dans les profondeurs de l'organisme, les matières inutiles ou nuisibles sont expulsées, le sang est mieux distribué dans toutes les parties; comme il a été purifié, enrichi par une assimilation rendue plus facile, il porte à tous les organes une nourriture saine et fortifiante.

Il est dès lors facile de comprendre que les éléments nuisibles ayant été supprimés et le corps fortifié, la nature pourra vaincre la maladie.

En résumé, la fraîcheur de l'eau excite la chaleur intérieure et l'augmente, produit l'élimination des matières malsaines répandues dans le sang et favorise l'assimilation.

L'évaporation de l'eau, dans les pores devenus humides, exige une certaine quantité de chaleur que fournit le corps ; cette évaporation tend donc, pour ainsi dire, à extérioriser la chaleur interne, et active la circulation et la combustion dans les capillaires. De plus elle enveloppe le corps comme d'un vêtement de vapeur à la fois chaude et humide, éminemment favorable au développement des tissus.

Il est démontré que l'eau employée à l'extérieur ne pénètre pas par les pores dans l'organisme, bien moins encore les sels qu'elle tient en dissolution.

L'usage des *eaux minérales*, sous forme de bains et douches, n'agit pas en raison des sels dissous : la peau n'est perméable qu'aux gaz. Les eaux minérales ne peuvent donc agir que par leur fraîcheur et par les gaz qu'elles ont dissous.

II. — *L'eau agit par son humidité froide.*

« Ma méthode, dit Kneipp, vise à conserver « le calorique intérieur et à l'augmenter par des « applications froides ; la nature, ainsi fortifiée, « réagira d'elle-même contre la maladie, sans « que le patient ait été affaibli par le traite- « ment. Toutes mes applications doivent avoir « pour effet de provoquer une transpiration « calme et régulière, et non d'amener sur la « peau une abondance de sueur, moins encore « de l'entretenir. Ce n'est pas par la sueur abon- « dante que je veux combattre la maladie, mais « par les suites de la *transpiration calme.* « L'irritation violente des glandes sudoripares « affaiblit, alors que le malade a tant besoin « de réparer les forces déjà perdues. »

Les effets bienfaisants dont il vient d'être question sont produits par des linges mouillés, des maillots, des compresses. Par suite de l'action de l'humidité sur la peau, les pores et les vaisseaux capillaires se trouvent d'abord contractés, pour se distendre ensuite au moment de la réaction ; l'évaporation de l'eau sur la peau emprunte une partie de sa chaleur et provoque ainsi une activité salutaire ; elle attire vers la peau le sang qui doit lui fournir la chaleur ; le sang attiré apporte plus de chaleur qu'il n'en faut pour transformer l'eau en vapeur, et ainsi la chaleur interne devient victorieuse du froid ambiant.

Toutes ces applications calment d'abord la circulation et la respiration trop excitées ; elles les portent ensuite à un degré normal.

Par l'évaporation de l'eau à la surface de la peau, le sang voit son cours régularisé : ainsi se trouvent atténuées, puis dissipées, les congestions au cerveau, au cœur, à la moelle épinière, etc. On combattra de cette manière tout afflux du sang vers un organe quelconque.

Les maillots et compresses ont encore cet avantage de calmer le système nerveux : de là le sommeil qui, le plus souvent, s'empare des malades pendant ces applications.

En général, les linges mouillés sont plus efficaces que les simples lotions : ils sont donc le moyen à employer pour en venir aux affusions, qui constituent le plus puissant des moyens d'action de Kneipp.

Pour augmenter la force des linges mouillés, l'hydropathe peut :

1° Les renouveler souvent pendant le temps prescrit pour l'application;

2° Augmenter le nombre des tours que feront les maillots autour du corps, ou le nombre des plis, s'il s'agit de compresses;

3° Prescrire simultanément deux compresses ou une compresse et un maillot;

4° Faire tremper les linges dans de l'eau salée ou vinaigrée, dans des décoctions de fleurs de foin, de paille d'avoine, de prêle, etc.;

5° Frictionner la partie malade avec de l'eau vinaigrée, du saindoux, de l'huile de camphre, etc.

L'*apparition de la sueur* après l'application d'un maillot *froid* est le signe d'une réaction salutaire, puisque, dans ce cas, la chaleur a été développée en quantité suffisante pour vaincre le froid qui affectait précédemment l'organisme. Dès que la sueur est apparue, on doit enlever le maillot, dont le but est dès lors atteint; la transpiration, si elle était plus longtemps excitée, affaiblirait le patient. Si elle persiste, on doit l'enrayer, soit en diminuant le nombre des couvertures du lit, soit en sortant une main hors du lit.

Au contraire, l'apparition de la sueur après une application de linges *chauds* est fâcheuse, car elle ne peut être que suivie d'un refroidissement. D'ailleurs elle est un signe de faiblesse et non la preuve d'une réaction normale. On doit prendre, pour l'éviter, les moyens indiqués à propos du maillot froid, ou même on doit enlever les linges chauds. Il est donc évident qu'on ne doit *jamais* prendre une lotion froide après un maillot ou une compresse, car, dans cet état, les pores distendus donnent une facile entrée au froid extérieur, ce qui pourrait amener des accidents comme congestions, crampes, etc.

Mais, après les bains chauds et les bains de vapeur, la lotion ainsi que les affusions peuvent être utilement conseillées ; le corps s'est chargé d'une quantité suffisante de chaleur artificielle, et peut, sans danger, résister au froid de l'application.

Il faut excepter le pédiluve chaud, après lequel on ne doit pas pratiquer de lotion froide : le but du pédiluve chaud étant d'attirer le sang dans les pieds, une lotion le ferait refluer, par un effet contraire, vers les parties supérieures.

III. — *L'eau agit par sa pression dans les affusions.*

« Par les affusions, dit Kneipp, j'excite le « corps débilité à accomplir plus énergiquement « toutes ses fonctions. » Les affusions sont réconfortantes et toniques ; elles endurcissent le corps contre les variations de la température.

Selon les données de la science physiologique, l'énergie vitale, dans l'homme, résulterait de l'harmonie entre les forces calorique, électrique et magnétique distribuées dans le corps.

Les affusions ont la puissance d'augmenter le calorique, s'il est trop faible, et de le diminuer s'il est excessif ; de résoudre, en les dispersant, les accumulations d'électricité et de fluide magnétique. L'irritation de la peau, qui serait le résultat de son état électrique anormal, est calmée par les affusions, qui la déchargent de cet excès de fluide et le conduisent dans les muscles qu'elles fortifient. L'effet général des affusions est de régulariser la circulation en dissipant les arrêts du sang, puis d'augmenter la chaleur du corps ; elles sont, dans ce but, les meilleures applications du système Kneipp. Par les affusions, l'hydropathe dirige comme à son gré la circulation ; le point important pour lui est de savoir vers quel organe il doit attirer le sang et de quel autre il lui faut l'éloigner.

L'expérience a prouvé que, de tous les remèdes Kneipp, les affusions constituent le plus puissant et le plus rapide, celui qui possède au plus haut degré la propriété de dissoudre et d'éliminer les matières malsaines, puis de fortifier la constitution du malade. L'hydropathe variera les affusions, quant à la force de percussion, leur durée, leur fréquence, suivant tel ou tel tempérament, et selon qu'il aura reconnu utile d'agir par la pression de l'eau, ou simplement par le froid qu'elle apporte avec elle.

IV. — *L'eau agit comme vapeur.*

Kneipp tient pour nuisible de faire trop d'applications *chaudes* : elles produisent dans l'organisme un affaiblissement. C'est pour empêcher, autant que possible leurs fâcheux effets qu'il prescrit une lotion froide après les bains chauds et les bains de vapeur. Il prescrit cependant les applications chaudes comme un moyen terme à employer avec certaines personnes que le traitement régulier effraierait et qui, après quelques applications chaudes, en viendront plus facilement à accepter l'eau froide.

La vapeur a cependant cet avantage sur l'eau froide, d'avoir une plus grande force éliminatrice et d'agir plus sûrement sur les organes internes où elle a pénétré.

L'eau agit comme vapeur sur la peau, surtout dans les bains chauds et les bains de vapeur. Les bains chauds et les bains de vapeur sont, de toutes les applications de Kneipp, les plus fortes, tant à cause de la chaleur qu'en raison de la transpiration qu'elles développent. Bien que les applications chaudes aient, sur les organes, des effets contraires à ceux qui sont produits par les applications froides, on atteint, par leur moyen, des résultats identiques. Elles augmentent l'activité des organes, en facilitent la nutrition et portent le calme dans la circulation et le système nerveux; elles introduisent jusque dans le sang les essences vaporisées des plantes qui sont entrées dans leur préparation et ces essences peuvent dès lors agir comme un moyen nouveau en vue de la purification du sang par l'élimination des matières malsaines. Les vapeurs enveloppent le corps comme d'un vêtement de chaleur humide; or, on le sait, cette chaleur humide est le premier élément de vie pour tous les êtres organiques.

Le but des lotions froides prescrites *après* tout bain chaud est : 1° de contracter les pores distendus par la chaleur et de fermer ainsi l'entrée au froid extérieur; 2° de calmer la chaleur artificiellement développée à la surface de la peau; 3° d'amener à un degré plus normal la circulation surexcitée par le bain; 4° de tonifier le tissu épidermique et les nerfs des couches superficielles que la chaleur a relâchés ; 5° d'éliminer la chaleur et les matières usées.

Remarque générale. — Il est évident que, par les applications Kneipp froides ou chaudes, le sang est attiré vers une partie quelconque ; par les *contre-coups* subséquents, il reflue ensuite vers l'extrémité opposée. L'hydropathe qui connaît ces mouvements, ces contre-coups dans la circulation, peut seul les utiliser au bénéfice des malades ; celui qui les ignore est un conseiller dangereux qu'il est imprudent de consulter : il doit, en conscience, ne pas expérimenter son ignorance sur des malades trop confiants. De l'application intempestive des remèdes Kneipp pourraient s'ensuivre des maux de tête très violents, des crachements de sang et même la rupture de vaisseaux sanguins ; l'hydrothérapie peut être comparée à l'instrument tranchant, redoutable entre les mains de l'ignorant, alors que, manié par le praticien habile, il assure la guérison et porte le salut.

---

§ 2. — L'eau est un remède par son emploi à l'intérieur de l'organisme

I. Employée à l'*intérieur* de l'organisme, l'eau agit comme gargarisme et comme moyen de laver les organes (nez, pharynx, tube digestif, intestins et vessie).

II. Par sa nature même : 1° l'eau est essentielle à la formation du sang et au développement des organes ; 2° elle aide à dissoudre les matières ingérées ; elle est leur véhicule nécessaire jusqu'au torrent de la circulation ; 3° elle agit en diminuant la température interne ; 4° elle entre, pour une grande partie, dans la composition du sang et en favorise la circulation en augmentant la réplétion des vaisseaux sanguins, dont elle excite ainsi la contractilité. Elle pénètre avec les globules dans les organes qu'ils doivent nourrir, elle y dissout les matières impropres à la nutrition et s'élimine avec elles par toutes les sécrétions hépatique, sudoripare, urinaire, par les sérosités, les mucosités et les selles.

III. Prise en grande quantité, l'eau est très

vite expulsée par les urines et la sueur, à cause de la grande réaction qui se produit. Absorbée souvent, mais en petite quantité à la fois, ainsi que le recommande Kneipp, elle va plus directement aux sucs gastriques et au sang pour les bonifier. Absorbée par exemple à la dose d'une cuillerée toutes les demi-heures ou toutes les heures, elle rafraîchit les intestins, combat avec succès la constipation, résultat qui ne saurait être atteint par l'absorption de plusieurs verres d'eau.

Prise en *mangeant*, elle se mêle à la salive et aux sucs gastriques, dont elle diminue la force et l'action; de là cette recommandation de Kneipp : « Ne buvez pas en mangeant; entre les « repas, prenez, si vous en sentez le besoin, « quelques cuillerées d'eau. La soif augmente « avec l'intempérance du boire, qui a pour résul- « tat de troubler plus ou moins les fonctions de « l'estomac. »

La science dit : « Les matières malsaines « doivent être éliminées *par cinq voies* : la trans- « piration, la sécrétion hépatique, l'urine, les « selles et l'expectoration. » Grâce à la réaction calorique et à l'activité organique qu'elles produisent, les applications froides contribuent à cette élimination sous ces cinq formes diverses,

Par le système Kneipp, la transpiration est abondamment excitée; les fonctions du foie deviennent plus actives; les urines, ainsi que le démontre l'expérience, entraînent une quantité souvent considérable de sédiments; les selles sont plus fréquentes, plus régulières et chargées de produits glaireux; l'expectoration enfin est rendue facile et plus abondante. N'y a-t-il pas là une confirmation des idées de Kneipp sur le rôle joué par les matières malsaines dans l'origine et le développement des maladies?

CHAPITRE III

COMMENT, PAR SUITE DES APPLICATIONS D'EAU, L'ORGANISME PEUT DISSOUDRE LES MATIÈRES MORBIDES, RÉGULARISER LA CIRCULATION, AMÉLIORER LE SANG ET FORTIFIER LE CORPS.

CHAPITRE III

COMMENT, PAR SUITE DES APPLICATIONS D'EAU, L'ORGANISME PEUT DISSOUDRE LES MATIÈRES MORBIDES, RÉGULARISER LA CIRCULATION, AMÉLIORER LE SANG ET FORTIFIER LE CORPS.

D'après l'expérience même de Mgr Kneipp, *trois médications* différentes peuvent être employées dans ce but.

1° Les bains de vapeur, suivis de lotions et de bains froids comme applications secondaires; 2° les emmaillottements et les compresses; 3° les affusions.

Mgr Kneipp a suivi séparément chacune de ces méthodes pendant plusieurs années et en a obtenu les meilleurs résultats.

A Wœrishofen, en raison de la multitude des malades qui se présentent et de la difficulté d'organiser convenablement, pour un si grand nombre de personnes, les bains de vapeur et les emmaillottements, Mgr Kneipp se tient spécialement à la méthode des affusions. Cette méthode est surtout préconisée dans les trois derniers ouvrages qu'il vient de composer. Cependant les deux autres méthodes ne sont point abandonnées, et toutes trois peuvent être combinées avec discrétion et succès.

Ainsi Mgr Kneipp a parfois d'abord recours aux affusions, puis aux maillots et aux compresses, pour revenir aux affusions et prescrire ensuite des bains de vapeur.

Au chapitre II, nous avons dit que l'eau est un remède : 1° par sa fraîcheur ; 2° par son humidité ; 3° par sa pression ; 4° comme vapeur.

Au présent chapitre, nous parlerons des différentes manières d'opérer et des effets des applications.

I. *Pour sa fraîcheur*, l'eau est employée surtout en lotions, en bains et comme moyen d'endurcissement.

II. *Pour son humidité*, l'eau est employée principalement en compresses et en maillots ou en linges mouillés froids.

III. *Pour sa pression*, l'eau est employée en affusions.

IV. *En vue de l'évaporation*, l'eau est employée en bains chauds, bains de vapeur et en linges mouillés chauds.

Observations générales sur la manière de pratiquer les applications d'eau.

De même qu'un médecin ne se prescrit pas à lui-même un traitement en cas de maladie, ainsi il est imprudent à un malade de choisir, parmi les applications du système Kneipp, celles qu'il croit lui convenir.

Contrairement à l'inclination des malades en voie de guérison, il est préférable de diminuer le nombre et la durée des applications plutôt que de les augmenter.

Les applications doivent être faites avec courage, raison et régularité : ne pas les multiplier parce qu'on y trouverait un amusement, un passe-temps ; ne pas les omettre, parce qu'elles sont pénibles.

Les applications sont douces au début de la cure ; bien qu'elles puissent augmenter par la suite, elles ne doivent jamais être violentes.

L'hydropathe aura égard, dans ses prescriptions, à l'âge et au tempérament des consultants : aux faibles, il ne prescrira d'abord que des lotions, des applications très douces, et procédera par degrés si la constitution s'améliore.

Les frissons et une sorte de frayeur de l'eau sont une mauvaise disposition : suspendre l'application jusqu'à ce que ces symptômes aient disparu : « Hâtez-vous lentement », est la règle de toute cure à l'eau ; on ne peut violenter la nature : le temps, la sagesse et la persévérance assurent seuls le succès.

Il est important de ne pas négliger, *avant* et *après* les applications, les points suivants :

Avant. — S'efforcer de développer la chaleur naturelle par la marche et surtout par des mouvements physiques ; obtenir, par ce moyen, qu'elle se répande uniformément dans toutes les parties du corps. L'état de moiteur est ce qu'il faut préférer pour une application froide. A cause de la dilatation des poumons et de la surexcitation des nerfs, éviter toute application d'eau après une course ou un travail fatigant. Le froid aux pieds n'est pas une raison de retarder la marche nu-pieds, dans l'herbe mouillée, etc.

On se déshabillera promptement, en ne se plaçant ni dans un courant d'air, ni dans une chambre humide ; faire l'affusion à l'air libre et tranquille est fort à recommander. Il est avantageux de laver les parties malades avec de l'eau vinaigrée ou de les frotter de saindoux. Il est quelquefois bon de prendre au sortir du lit, pour y rentrer immédiatement après, les lotions, demi-bains et affusions des genoux et des jambes.

Après. — La condition essentielle pour qu'une application soit utile est qu'elle soit suivie d'une réaction réelle et générale.

Immédiatement après l'application, le malade reprendra rapidement ses vêtements, s'en couvrant le plus vite qu'il lui sera possible. Il fera pendant ce temps quelques mouvements, pour ne pas laisser au froid le temps de l'envahir ; après seulement il terminera sa toilette.

Si, dans l'application, la tête s'est trouvée mouillée, il faudra la bien sécher, puis la couvrir de suite. On aura soin, avant de s'habiller, de ne sécher aucune des parties mouillées, excepté celles qui doivent demeurer exposées à l'air.

La promenade, même rapide, ne suffit souvent pas pour obtenir la réaction ; il est recommandé de se livrer à des travaux qui mettent en mouvement tous les muscles du corps :

bêcher, scier ou fendre du bois, faire de la gymnastique, etc. Toutefois on observera de ne pas porter ces exercices à un degré tel qu'ils fatiguent ou qu'ils fassent entrer en transpiration : cela détruirait l'effet de l'application et affaiblirait le patient. S'il le faut, se faire violence pour amener cette réaction ; ne pas chercher une chaleur artificielle en s'approchant d'un foyer, en s'asseyant dans une chambre fermée. Le lit même ne procure pas à plusieurs une réaction suffisante, surtout en hiver ; il leur est indispensable de mettre en jeu les muscles des membres et de la poitrine.

Il serait nuisible à tous de demeurer, après l'application, dans une chambre humide ou dans un courant d'air : des refroidissements graves peut-être s'ensuivraient.

Un malade à qui la marche et le mouvement sont interdits se mettra au lit ou se placera, bien vêtu, dans une chambre modérément chauffée, ou s'exposera au soleil : dans tous les cas, il veillera pour ne point entrer en sueur, sous prétexte d'opérer la réaction. Hors le cas de nécessité, comme serait une congestion subite, violente à combattre, les applications froides ne doivent pas être faites le soir : l'excitation qu'elles communiquent au sang et au système nerveux retarde le sommeil que réclame la nature et, pour plusieurs, le rend impossible; or le sommeil est un des plus puissants facteurs de la guérison à obtenir. Le lavage des pieds fait une exception.

Il est convenable de faire des applications après le sommeil, surtout si l'on doit se remettre au lit : le corps, réchauffé et reposé, est dans les meilleures conditions pour résister au froid et à l'excitation qu'apporte l'eau froide; de plus le lit est à une température qui assure la réaction nécessaire.

L'heure la plus convenable pour les applications est trois heures de l'après-midi, si l'on n'en fait qu'une; dix heures du matin et trois heures, si l'on en fait deux. En tout cas, l'application ne doit se faire que deux heures après le repas, si le malade a un bon estomac; si la digestion est pénible ou lente, il devra attendre trois heures.

Les personnes d'une constitution forte peuvent seules suivre à jeun le traitement par l'eau. Si l'heure de l'application a dû être retardée jusqu'à l'heure habituelle du coucher, le malade ne se mettra toutefois au lit qu'une heure après le traitement. Pendant la cure d'eau, l'alimentation sera saine et abondante : c'est le meilleur moyen d'entretenir la chaleur naturelle.

Toutes les applications de linges mouillés doivent se faire au lit, en observant de s'y placer au moins un quart d'heure avant et d'y rester un quart d'heure ou une demi-heure après. A leur sujet, il convient de répéter ce que nous avons déjà dit : mieux vaut diminuer leur nombre et leur durée que d'excéder en les augmentant. Il est nuisible de s'en tenir pendant des semaines, ou des mois, à une même application ; il faut souvent varier les modes du traitement et suivre en cela les règles posées par Kneipp au cours de ses ouvrages. Si l'application est locale, son usage trop répété aurait pour effet d'attirer le sang vers une seule partie du corps, en amenant même des congestions.

Toutefois la lotion totale et la marche nu-pieds font exception à cette règle ; elles peuvent être pratiquées chaque jour et pendant plusieurs mois. Les emmaillottements, variés d'après les prescriptions d'un médecin hydropathe, peuvent être poursuivis régulièrement pendant plusieurs mois ; cependant, s'ils occasionnent des maux de tête, il faudrait les remplacer momentanément par d'autres applications, puis y revenir.

En général, la cure devra être poursuivie tant que persistera le mal à combattre; en variant le traitement, comme il est recommandé, on trouvera le meilleur remède à appliquer. — On aura soin que le corps entier soit traité chaque jour, ou au moins tous les trois jours; on ménagera même la partie malade, agissant sur la partie qui en est la plus éloignée pour décongestionner l'organe ou le membre attaqué. La tête, sauf prescription spéciale, ne doit jamais être comprise dans les applications.

A cause de la *poussée sanguine* vers la tête, amenée par le contact des jambes avec l'eau froide, il sera utile, parfois nécessaire, de se mouiller le cou, la poitrine et les aisselles avant ou pendant une application.

Les *fleurs de foin* attirent fortement le sang : donc, n'en pas multiplier l'usage et ne pas les appliquer sur les blessures, abcès, etc.

La plupart des applications peuvent être faites, sans danger, les trois premiers jours ou trois jours consécutifs quelconques de la cure.

Si des applications de linges froids devaient être faites pendant la nuit, il faudrait veiller à ce que les linges fussent bien tordus.

Ainsi qu'on le voit, les principes de Kneipp sont basés sur la raison, l'expérience, et partant sur les lois physiologiques. La science les a expliqués et justifiés ; d'ailleurs, ne l'eût-elle pas fait, que la méthode subsisterait, forte de l'appui de ceux qu'elle a guéris.

I. — *L'eau agit par sa fraîcheur.*

A. — LES LOTIONS

Laver n'a pas d'autre signification, dans la médication de Kneipp, que se mouiller et ne point se sécher avant l'évaporation de l'eau. C'est imbiber d'eau les pores où cette eau reste jusqu'à ce que leur chaleur l'ait évaporée. Ne pas sécher le corps après la lotion laisse à la peau comme un vêtement d'eau qui empêche l'accès de l'air par les pores ; de là une humidité chaude qui enveloppe le corps, lui est bienfaisante et apaise les nerfs.

I. *La lotion totale* abaisse la température du corps en éliminant la chaleur superflue, amollissante et nuisible ; elle calme les nerfs en dissipant l'irritation de la peau. L'évaporation de l'eau dans les pores demande à la peau une certaine quantité de calorique, mais lui en fournit une quantité plus considérable, en élargissant uniformément les vaisseaux capillaires et en attirant davantage le sang à la surface. En retirant successivement de petites quantités de calorique, les lotions réitérées provoquent des réactions de plus en plus fortes, qui augmentent la chaleur naturelle et rendent toutes les applications profitables. L'augmentation de la chaleur communique au corps une plus grande activité qui rend possible la dissolution des matières malsaines, augmente l'assimilation des éléments réparateurs, améliore l'organisme et rend le corps plus fort contre les intempéries.

Plus le patient a chaud avant la lotion, plus l'eau est froide et plus l'application se fait vite, plus elle est profitable. — Se mouiller d'une manière uniforme excite avantageusement la peau et les nerfs et facilite la transpiration. Par l'augmentation de cette chaleur naturelle, les organes intérieurs (poumons, cœur et autres viscères) sont décongestionnés et comme revivifiés.

Il est bon de mélanger à l'eau de la lotion un peu de vinaigre non falsifié. Le vinaigre ouvre les pores d'une manière salutaire, excite la peau et les nerfs, en provoquant la transpiration. Eau vinaigrée : un bon mélange est la proportion suivante : sur 2 bols ordinaires d'eau fraîche, 1/2 verre (à vin) de vinaigre.

Eau fortement vinaigrée : 2 bols d'eau + 1/2 bol de vinaigre.

Manière d'opérer. — Pour les lotions, il ne faut pas se servir d'une éponge, mais d'un essuie-main de toile forte et souple. Le meilleur temps pour la lotion est celui qui suit le premier sommeil de la nuit. Le malade tiendra à portée de son lit un peu d'eau et de vinaigre. L'heure venue, après s'être déshabillé au lit, il versera dans l'eau la quantité suffisante de vinaigre, y trempera l'essuie-main qu'il pourra un peu presser de façon que l'eau ne dégoutte plus ; puis, rapidement, il se lavera tout le corps, en commençant par les pieds. Il aura soin de ne pas frotter avec violence et de passer cinq ou six fois sur chacune des parties du corps, y compris la plante des pieds. Pour atteindre la partie comprise entre les épaules, il frappera avec le linge un peu déplié. La tête et les cheveux sont toujours ménagés. Il faut terminer le lavage en une minute. Il est naturel et moins sensible de commencer par mouiller les pieds. En général, toutes les applications commencent à la plus grande distance possible du cœur. On passe trois fois sur chaque partie du corps en avançant vers le cou, et trois fois en revenant aux pieds pour finir. Aussitôt après le lavage, il faut se remettre au lit, en ramenant de suite sur soi les couvertures. On restera dans cette position au moins un quart d'heure pour que l'évaporation se produise et amène la réaction suffisante.

Celui qui, au commencement d'une cure, ne peut obtenir le calorique exigé peut, par exemple, pendant trois jours consécutifs, prendre pendant une heure et demie la compresse abdominale très chaude (moitié eau, moitié vinaigre), ou mettre, pendant une même durée, une chemise chaude trempée dans de l'eau salée : cela excite la peau et amène la chaleur.

La lotion totale est le meilleur remède à conseiller aux natures débiles, à ceux qui transpirent facilement; elle excite l'appétit et l'entrain de l'esprit; elle est le principal expédient contre les fièvres violentes, le typhus, la petite vérole et l'hypocondrie.

Pour les *malades alités* et très faibles, la lotion totale peut se faire en deux ou trois fois (buste, abdomen, jambes), en laissant trois heures entre chaque opération = 1/2 lotion ou 1/3 lotion.

II. Bien que locale, la *lotion du buste* a l'effet d'une lotion totale ; elle réconforte surtout les poumons et le cœur, est excellente pour les malades et les personnes très faibles qui commencent la cure d'eau, et pendant les grands froids, ainsi qu'après un refroidissement. Elle est prescrite contre les maladies mentales, les engorgements de poitrine, la toux et les catarrhes.

Cette lotion comprend le cou, les bras, la poitrine et la partie correspondante du dos ; elle doit être terminée en une demi-minute.

Ainsi que toutes les applications locales, cette lotion ne doit pas être trop longtemps pratiquée seule, pas plus de trois jours.

III. Les *lotions locales*, telles que le lavage de la poitrine, ne doivent pas être souvent pratiquées seules ; elles développent la chaleur sur les parties lavées, y attirent le sang et peuvent provoquer différentes maladies : affections du cœur, congestions pulmonaires, embarras respiratoires, etc.

B. — BAINS FROIDS

Les bains froids ont tous les effets de l'eau froide, mais ces effets sont plus prononcés que ceux qu'on obtient par les lotions.

Les bains à l'air libre sont préférables aux bains pris en chambre. Aucun bain ne doit être pris trop souvent. « Les hommes sont nés pour « la terre et non pour l'eau » (Kneipp). Le bain emprunte du calorique au corps, c'est pourquoi le plus court est le meilleur, car moins grande est la déperdition de chaleur pendant le bain, plus considérable est l'augmentation produite par la réaction. Plus la chaleur naturelle est grande avant le bain, mieux le corps est en état de vaincre le froid qui tente, par le bain, de pénétrer dans l'organisme.

I. *Le bain complet* est rarement ordonné et doit être pris avec précaution. Il comprend tout le corps, excepté la tête. La lotion totale lui est préférable. Par le bain complet froid, les pores se contractent subitement et fortement, la chaleur est poussée avec violence vers les organes intérieurs : l'équilibre de température n'est donc pas si facile à atteindre que par la lotion totale. Durée : 1/2 minute.

II. *Bains partiels.* — 1) Le *demi-bain* est, avec la lotion totale, l'affusion supérieure, l'affusion dite fulgurante, une des meilleures applications de Kneipp (Voir plus bas).

On le prend debout, ou agenouillé, ou assis, ayant de l'eau jusqu'aux côtes. Le demi-bain attire le sang à la surface de la peau en débarrassant les organes intérieurs ; il abaisse la

température, exerce par là son influence sur la circulation générale et surtout sur l'abdomen ; il attire le sang de la partie supérieure du corps congestionnée vers les organes abdominaux où il est réclamé abondant et pur. De cette manière, les nerfs de la tête sont apaisés, la digestion stimulée. On le prescrit contre les maladies intestinales, l'hypocondrie, l'hystérie, les hémorroïdes, les coliques venteuses, le typhus, les inflammations chroniques des poumons, du diaphragme, du péritoine, la petite vérole, la rougeole, l'apoplexie.

Il stimule les affaiblis, active la respiration et la circulation, calme la fièvre et le délire. Il ne doit pas être prescrit dans les cas de péritonite aiguë et de syncopes fréquentes. Sa durée est de trois secondes. Pendant la fièvre, le degré est de 18° à 22° C. et la durée de 10′ à 15′. Il faut être très prudent dans la prescription de ce bain pour les maladies du cœur et des poumons.

Celui qui pratique d'autres applications n'a pas besoin de la *lotion du buste* avec le demi-bain ; il peut garder alors la chemise en la relevant. Celui qui ne voudrait pratiquer que le demi-bain devrait, chaque fois, s'arroser le buste ou le laver. C'est ce qu'on nomme un *demi-bain avec lotion du buste.* Cette méthode est d'ailleurs très avantageuse à tous. Seulement, ceux qui ont peu de calorique feront mieux de pratiquer le demi-bain sans lotion du buste et de faire des lotions douces à un temps différent.

Dès qu'on a quitté l'eau, on passe la main sur le corps pour enlever une certaine quantité d'eau, car ce n'est pas l'abondance de l'eau qui guérit, mais seulement son humidité.

2) *Le bain de siège froid* est un excellent remède contre les maladies de l'abdomen, du foie, de la rate, de la vessie, et en général des organes de la digestion et de la circulation. Il est surtout prescrit dans les maladies des femmes.

Ce bain calme les nerfs, dissipe les congestions, arrête le crachement de sang et le saignement du nez. Il est excellent contre les insomnies, la constipation ; il endurcit le corps contre les intempéries, mais peut être préjudiciable dans les cas d'inflammations du bas-ventre, de crampes, d'irritation et de congestions intestinales. Pris trop souvent, pendant un temps trop long et sans autres applications, il attire trop le sang vers le bas-ventre.

Le bain de siège peut être convenablement

prescrit deux fois par semaine et pendant quinze jours. On se sert d'une baignoire spéciale, ronde et assez profonde, pour que l'eau baigne le malade assis, depuis les cuisses jusqu'à l'ombilic. A cause des *reflux* du sang vers la poitrine, il est bon de se laver auparavant le visage, le cou, la poitrine et les aisselles.

3) Les *bains locaux* sont ceux de la tête, des yeux, des mains, des bras, des pieds.

Dans le *bain de la tête*, le malade plonge la tête jusqu'aux sourcils et arrose tout le cuir chevelu avec la main. La durée de ce bain est d'une demi-minute. Sécher ensuite le cuir chevelu, se couvrir la tête et rester dans une chambre sans courant d'air, jusqu'à ce que l'humidité ait disparu de la tête.

Par ce bain, la tête est calmée, apaisée. Il est

avantageux aux anémiques a eints de violents maux de tête ; il ne doit pas être répété souvent et doit être combiné avec d'autres applications.

Pour prendre le *bain des yeux*, on plonge la tête de manière que les yeux soient dans l'eau, puis le patient ouvre les yeux et les ferme par un clignotement prolongé pendant une demi-minute ou une minute.

Ce bain sert à purifier les yeux dans les cas d'inflammations ou de contusions.

Pour le *bain des mains et des bras*, on les plonge pendant une minute dans l'eau froide. Il faut essuyer les mains après le bain. Ces bains endurcissent le corps et sont très avantageux aux affaiblis ; ils ont leurs effets aux organes respiratoires, aux poumons, et sont un remède contre le froid persistant ou la transpiration trop abondante des mains.

Le *bain des pieds* est équivalent à la marche ou à la station dans l'eau.

C. — MOYENS D'ENDURCISSEMENT

Ce sont la marche *nu-pieds*, dans l'*herbe mouillée*, sur des *sacs mouillés*, ou des *dalles mouillées*.

Marcher nu-pieds (ou rester souvent nu-pieds) attire doucement le sang en dégageant la tête. Cela provoque, entre le froid extérieur et la chaleur vitale, un léger combat où la chaleur remporte facilement la victoire. La marche nu-pieds est reconnue par expérience comme un des meilleurs moyens de guérison. Par là les pieds et tout le corps sont endurcis contre les intempéries; le sang est attiré vers les extrémités qui, souvent, ont soif du sang qui leur manque et souffrent du froid, alors que la tête est congestionnée. Il suit de là que la marche nu-pieds est très bonne contre les fatigues dues à un travail intellectuel prolongé, l'affaissement causé par les grandes chaleurs, les congestions de la tête, le froid habituel des pieds, les migraines et les maux de dents, les affections des glandes du cou, les douleurs de poitrine, de vessie. La marche nu-pieds agit à la manière d'un emplâtre dérivatif, c'est-à-dire doucement et d'une manière continue. Tandis que les chaussures ordinaires empêchent la libre transpiration et gênent la circulation du sang dans les pieds, la marche nu-pieds les favorise et suffit à activer la circulation dans le corps entier.

Pour que cette marche ne soit jamais nuisible, il faut, au début, y procéder par degrés et comme par essais; on la fera d'abord pendant cinq à quinze minutes et dans un endroit sec, puis dans l'herbe mouillée.

Il ne faut pas y renoncer à cause d'un froid même violent, pourvu qu'on cherche ensuite la réaction, non en se chauffant à un foyer, mais par la marche avec des chaussures sèches. Cet exercice prend au moins une demi-heure pour amener une bonne réaction. La marche nu-pieds peut être répétée de cette façon plusieurs fois par jour.

Le rhume de cerveau qui peut survenir les premières fois n'a d'ailleurs rien de dangereux; après quelques jours, la marche nu-pieds n'aura plus cette conséquence.

Il est fort utile de parvenir à rester nu-pieds plusieurs heures en ne portant que des sandales. On peut rester nu-pieds sans inconvénient tant que les pieds ne se refroidissent pas; si le froid y persiste, il faut ou marcher ou mettre des chaussures jusqu'à la réaction. Le gonflement des pieds et la goutte ne sont point un obstacle à la marche nu-pieds, qui ne fait qu'y apporter un remède salutaire. Mgr Kneipp l'affirme, la seule marche nu-pieds, que d'ailleurs tous peuvent pratiquer pendant un temps plus ou moins prolongé, suffirait à éloigner ou à guérir bien des maladies : il la recommande avec instance aux nerveux et aux affaiblis.

La marche nu-pieds a des effets plus énergiques quand elle se fait sur les dalles, les sacs ou l'herbe mouillés. En cela, que chacun consulte son courage et ses forces. Cette marche dure alors de cinq minutes à un quart ou même à trois quarts d'heure. En *hiver*, on peut remplacer cet exercice par la marche sur un plancher sec, les pieds étant trempés toutes les cinq minutes dans l'eau froide.

II. — *L'eau agit par son humidité*

Conditions générales pour les applications de linges mouillés.

Le linge employé est une toile grossière, pas neuve, et assez souple pour s'appliquer sur toutes les parties du corps. Plus le linge s'applique parfaitement sur la peau, mieux il agit. Chaque membre, par exemple les jambes, doit être emmaillotté isolément. Le linge sera fortement tordu après avoir été plongé dans l'eau ; il ne doit servir qu'à la même personne ; chaque fois qu'on en aura fait usage, il sera lavé et exposé à l'air. Plus les linges sont froids, plus ils sont efficaces. En hiver, on peut les poser sur la neige.

C'est au lit que doivent être pris les linges mouillés. Il faut se coucher au moins un quart d'heure avant l'application, pour se réchauffer suffisamment afin de supporter le froid des linges ; on restera au lit après ces applications, pendant un quart d'heure, pour sécher la peau mouillée. Pendant l'application, le malade gardera toujours la même position et ne dépassera pas la durée indiquée ; cependant, si le patient s'endort pendant l'application, il n'y a aucun danger à ce qu'elle reste jusqu'à son réveil.

Les linges doivent être renouvelés au temps marqué dans l'ordonnance, sans cela ils produiraient l'effet contraire ; s'ils deviennent trop chauds sur la peau, ils attirent trop le sang vers un seul membre. Les linges ne doivent pas être appliqués trop souvent ; les personnes maigres, affaiblies ou anémiques, ne peuvent pas, en général, faire usage des linges mouillés.

Avant l'application, le corps doit être réchauffé uniformément, y compris les mains et les pieds. L'action des linges est rendue plus grande en mêlant à l'eau du vinaigre, du sel, des décoctions de fleurs de foin, de paille d'avoine, de prêle, de bourgeons et d'écorce de branches de sapin. Le *vinaigre* et le *sel* sont employés quand on veut augmenter l'activité de la peau et élever le calorique ; la *paille d'avoine* est résolutive dans les cas de rhumatisme goutteux ; la *prêle* est le meilleur remède dans toutes les affections des voies urinaires ; le *sapin* est un bon stimulant quand le malade est âgé ; les *fleurs de foin* sont un remède général usité contre toutes les maladies dont il vient d'être question ; leur arôme pénètre dans le sang, le réchauffe et élimine les matières morbides. Les applications aux fleurs de foin doivent être chaudes, tandis que les autres sont prises froides, à moins d'une ordonnance contraire de l'hydropathe.

Les linges sont multiples ou simples, selon que le sang afflue plus ou moins vers un membre et selon la force avec laquelle on veut agir. Ainsi il arrive souvent que les pieds ne sont pas emmaillottés, ou ne le sont que par des linges simples. La partie fémorale a plus de sang : les linges y sont doublés ou triplés ; l'abdomen et la poitrine admettent des linges pliés en quatre, en six, en huit, etc.

A. — COMPRESSES FROIDES

1. La compresse principale est celle du bas-ventre ou *compresse abdominale*. La moitié d'un drap de lit peut servir. En longueur, elle s'étend du nombril jusqu'à deux mains de largeur au-dessus des genoux ; en largeur, elle couvre la partie antérieure du corps et les deux côtés. Le linge, trempé dans une eau fortement vinaigrée, puis bien tordu, est posé sur les parties indiquées ; on l'entoure ensuite d'un maillot sec et d'une couverture de laine qui enveloppent le

corps et empêchent l'accès de l'air. La durée de cette compresse est de une heure à une heure et demie. On fait bien de s'aliter un quart d'heure avant et après. Un bon moyen de s'échauffer est de prendre un demi-bol de lait avec ansérine avant l'application.

Le but de la compresse abdominale est d'attirer le sang vers les parties inférieures du corps pour les exciter et décongestionner ainsi la poitrine et le cœur. Elle est prescrite dans les maladies stomacales et intestinales, dans les maladies puerpérales et dans les affections des organes génitaux de la femme. C'est un des meilleurs remèdes pour augmenter le calorique et stimuler les digestions difficiles ; elle rend service dans toutes les maladies occasionnées par l'affaiblissement. Pour calmer, elle est renouvelée plus souvent et à de brefs intervalles.

Elle ne doit pas être pratiquée dans les menstruations. Manière d'opérer (voir p. 112, petit maillot).

2) Les compresses *plus petites* se posent sur des parties malades plus restreintes, par exemple : tumeurs, abcès, contusions. On les applique d'après l'ordonnance de l'hydropathe.

3) *Compresses dorsale et antérieure.* — Ce sont les plus énergiques de toutes les compresses ;

elles sont puissantes contre les arrêts de sang et efficaces pour calmer et adoucir. Leur but principal est d'agir par le froid, en retirant la chaleur superflue. A la fois astringentes, toniques et fortifiantes, elles sont employées contre l'hypocondrie, les gaz, les congestions, les inflammations et les catarrhes.

Elles ne doivent être appliquées que si la circulation est un peu régularisée par quelques affusions ou lotions précédemment employées.

Il y a quatre modes de les appliquer :

1er *Mode :* Chacune est appliquée pendant trois semaines de la façon suivante : 1re semaine : 3 compresses dorsales et 2 compresses antérieures ; 2e semaine : 2 compresses dorsales et 1 compresse antérieure ; 3e semaine : 1 compresse dorsale et 1 compresse antérieure. La compresse antérieure est prescrite moins fréquemment que la comdorsale, parce qu'elle enlève au corps une plus grande quantité de chaleur ; l'application des compresses doit d'ailleurs cesser dès que l'inflammation contre laquelle on les employait a disparu.

2e *Mode :* Chaque compresse est prise séparément et à trois heures d'intervalle.

3e *Mode :* L'une peut suivre immédiatement l'autre ; dans ce cas, il faut toujours appliquer la compresse dorsale en premier lieu.

4e *Mode :* Ces deux compresses sont prises simultanément.

Pour la compresse dorsale on emploie un linge plié en quatre, et qui s'étend de la nuque au sacrum dans toute la largeur du dos. Elle agit contre les flatuosités stomacales, les douleurs de la moelle épinière, la constipation, l'oppression.

La compresse dorsale est posée sur une couverture de laine, étendue au lit ; le patient déshabillé se place sur le linge mouillé et s'enveloppe depuis le cou dans ladite couverture, en ayant bien soin d'empêcher l'accès de l'air dans la région du cou.

La compresse antérieure se compose d'un linge plié en quatre, qui s'étend du cou jusque près des genoux, dans une largeur telle qu'elle couvre aussi les deux côtés du corps. Elle est surtout employée contre les maladies du foie et des intestins, l'hypocondrie, l'hystérie et l'obésité. On peut garder la chemise.

La durée des deux compresses est de trois quarts d'heure ; les affaiblis ne les gardent qu'une demi-heure ou vingt minutes. Les hommes robustes peuvent seuls en prendre deux en un seul jour.

B. — MAILLOTS

Les maillots sont : 1. le maillot total ou « manteau espagnol » ; 2. le grand maillot ; 3. le petit maillot ; 4. la chemise mouillée ; 5. les maillots topiques.

1. Le *maillot total* n'excepte que la tête et peut être appliqué pendant deux à trois heures à des individus sans fièvre. Il est prescrit dans le cas de catarrhes, rhumatisme articulaire, fièvres muqueuses, typhoïdes et petite vérole. On le confectionne au moyen d'un très long peignoir à manches, ou d'une chemise qu'on a fait allonger et fendre de façon qu'on puisse la croiser sur la poitrine, la faire passer autour des jambes et des pieds qu'elle enveloppe séparément.

2. Le *grand maillot* enveloppe le corps depuis les aisselles jusqu'aux pieds inclusivement. On peut se servir pour cela d'un drap de lit ou d'un gros sac. Sa durée est de une à deux heures. Il est très utile contre la goutte, les maladies de la vessie, les crampes, les maux de reins, les douleurs des pieds.

3. Le *petit maillot* est le plus utile de tous. Dans les cas où le diagnostic ne fournit que des

renseignements incertains, il est précieux à l'hydropathe auquel il fait découvrir des symptômes qui le fixent. Il s'étend des aisselles jusque près des genoux. Comme il ne comprend pas les pieds, il développe, dans le reste du corps, une chaleur plus considérable que les autres maillots. Il est usité dans les maladies du cœur, des poumons, de l'estomac, contre les crampes et, en général, contre les affections provenant de la corruption du sang ou d'un défaut de régularité dans la circulation. Il est formé par la moitié d'un drap de lit décousu.

Le petit maillot est, à lui seul, une application assez forte pour qu'on ne doive pas, le même jour, faire aucune autre application, soit lotion, soit affusion. Sa durée est de une heure à une heure et demie.

Manière d'opérer. — Pour poser le maillot total, il faut retirer la chemise ; pour les autres maillots, on pourra se contenter de la relever d'abord, puis de la faire glisser sur la couverture. Le malade, debout sur le lit, s'enveloppe du maillot prescrit et d'une couverture bien sèche ; il se couche et ramène ensuite sur lui les draps et les couvertures du lit.

4. La *chemise mouillée* est employée contre toutes les maladies de la peau, l'hypocondrie,

l'hystérie, les maladies mentales, la chorée ou danse de Saint-Guy, les congestions et les crampes ; c'est un calmant puissant du système nerveux irrité. Sa durée est de une heure à une heure et demie.

Pour faire cette application, on trempe dans l'eau ou dans une décoction de l'une des herbes déjà signalées une chemise de toile grossière que l'on revêt et que l'on boutonne au cou et aux poignets ; ensuite on s'entoure le corps d'une couverture sèche, pour fermer tout accès à l'air. Le plus souvent cette chemise est trempée dans une décoction de *fleurs de foin* ou de *vinaigre*.

La chemise à *l'eau vinaigrée* doit augmenter le calorique ; elle est interdite dans les éruptions de la peau.

Observation générale. — Il faut bien soigner la chaleur des pieds pendant toute application de linges mouillés. Enveloppez les pieds dans des linges secs ou employez une bouillotte chaude.

5. *Les maillots topiques sont ceux dont l'action est locale.*

Ce sont : *a*) le maillot des pieds ; *b*) le maillot des genoux ; *c*) le maillot de la tête ; *d*) le maillot du cou ; *e*) le châle ; *f*) les petits maillots.

a) — Le *maillot des pieds* enveloppe chaque

pied séparément et une seule fois jusqu'aux chevilles.

On le garde pendant une heure ou jusqu'au réveil. Il agit contre le froid, la transpiration et le froid des pieds, les congestions, le saignement du nez, les syncopes et les fièvres.

b) (1) — Le *maillot des genoux* enveloppe les pieds et les jambes ; le linge entoure une fois chaque jambe séparément depuis les pieds jusqu'au dessus des genoux. Il a une action puissante contre les fièvres, les maux de tête, les inflammations des poumons, du diaphragme, du péritoine et de l'abdomen, contre les coliques sèches ou venteuses, les courbatures et les excès de fatigue. La durée est d'une heure à une heure et demie.

b) (2) — *Maillot des genoux à frictions.*

Pendant une à trois minutes, chaque jambe est frictionnée à l'aide d'un linge sec par dessus le linge humide. Les traits du frottement ont pour point de départ la rotule, pour point de mire les orteils, et se dirigent seulement vers les pieds, sans aller à rebours. La pression à exercer n'est pas trop grande, elle dépend de la sensibilité du patient.

c) — Le *maillot de la tête* enveloppe toute la tête, le visage excepté ; la durée est de quinze à vingt minutes. Il peut agir contre les congestions, les vertiges et les éruptions de la tête.

d) — Le *maillot du cou* ne doit être conservé que trois quarts d'heure et être renouvelé après les vingt premières minutes ; il peut être dangereux, si l'on ne prend pas cette précaution. Il est de rigueur qu'on le recouvre d'un linge sec, puis d'une flanelle épaisse ou d'un molleton. Un autre linge mouillé est préparé pour être appliqué pendant les vingt-cinq minutes qui complètent les trois quarts d'heure. Le maillot du cou ne sera pas appliqué plus de deux fois par semaine. Il agit contre les maux de la tête et des dents, les inflammations de la gorge, les congestions et épanchements sanguins au cerveau.

Le maillot du cou et celui des pieds peuvent être appliqués simultanément sans crainte de porter le trouble dans la circulation.

Mgr Kneipp dit au sujet des dangers que peut occasionner le maillot du cou : « Je préfère deux « chemises mouillées à un maillot du cou, « tant sont fréquentes les imprudences que l'on « commet dans cette application. »

e) — Le *châle* est un maillot du cou descendant jusque sur la poitrine et dans le dos ; il est formé par un linge triangulaire dont une pointe tombe entre les deux épaules et les deux autres sont croisées sur l'estomac. Il calme et décongestionne la tête; il a son effet sur tous les organes contenus dans la cavité thoracique; il est à recommander dans les inflammations du diaphragme et du péritoine; il débarrasse les poumons et le cœur, dans les cas d'un trop violent afflux du sang. Fermer tout accès à l'air.

f) — Les *petits maillots* servent contre des maux très localisés, tels que les maux des bras, des mollets, des pieds, etc.

III. — *L'eau agit par sa pression dans les affusions.*

C. — AFFUSIONS

L'eau agit non seulement par sa fraîcheur et son humidité, mais encore par sa masse ou sa pression. Cette pression ne doit pas être grande et, d'ailleurs, n'a pas besoin de l'être : le propre du système Kneipp est que les affusions n'y ont pas la force impétueuse d'une douche. Il suffit que l'eau tombe avec la seule force de son poids pour opérer sur le sang, les nerfs et les muscles, les effets électriques et mécaniques qu'on en attend.

La pression qu'on obtient en usant d'un arrosoir privé de sa pomme est assez grande. Mieux encore se sert-on d'un tube en caoutchouc adapté à un bassin placé à une hauteur de 5 ou 6 mètres et donnant ainsi une pression d'une demi-atmosphère. Le diamètre du tube sera de 1 centimètre et demi à 2 centimètres et demi. Pendant l'opération, le jet restera à une distance de 20 à 30 centimètres du patient; de cette manière, l'affusion se fait avec assez de force. A ce sujet, Kneipp s'exprime ainsi : « Il « suffit que l'eau découle uniformément sur « le dos; une seule goutte déjà exerce un effét « électrique. »

Comme on le voit, dans ses applications les plus importantes même, le système Kneipp reste d'une extrême simplicité.

La durée d'une affusion ne doit pas facilement dépasser une ou trois minutes; on abrège même ce temps, aussitôt que la peau rougit ou que le patient sent que la chaleur se développe : le but étant atteint, le moyen doit cesser. Chez les affaiblis, la peau ne rougit pas après une affusion d'une minute : ce n'est pas une raison pour prolonger; ils doivent amener la réaction en s'habillant promptement et en se livrant à des exercices musculaires, comme il a été indiqué.

On ne saurait assez recommander au patient d'avoir soin de se procurer, par le mouvement, une réaction convenable avant et après une affusion et d'éviter ainsi tout refroidissement.

Dans toute affusion, le jet doit toujours ménager la tête; il ne doit pas tomber verticalement, mais être dirigé horizontalement sur le corps.

Celui qui prend les affusions dans un bassin, placera les mains ou les pieds sur un escabeau, pour que ses membres ne restent pas dans l'eau tout le temps de l'application. Les affusions commencent au point le plus éloigné de celui qui est affecté d'une congestion, d'un arrêt ou d'un engorgement sanguin. De cette manière, le sang est attiré vers l'organe arrosé en premier lieu, et il y a soulagement pour les parties congestionnées. La tête est-elle particulièrement malade, je prescris d'abord l'affusion des genoux et celle des jambes, puis l'affusion dorsale, avançant ainsi peu à peu vers le siège du mal. Mais, comme celui-ci ne sera pas si facilement vaincu, je reprends les applications les plus éloignées de la tête, pour revenir ensuite aux plus rapprochées.

Les affusions des membres inférieurs font descendre le sang ; les affusions des membres supérieurs le chassent encore en bas ; les affusions générales distribuent le sang et le régularisent.

Les affusions sont : 1° l'affusion supérieure ; 2° l'affusion dorsale ; 3° l'affusion antérieure ; 4° l'affusion des jambes ; 5° l'affusion des genoux ;

6° l'affusion totale ; 7° l'affusion dite fulgurante ; 8° l'affusion de la tête ; 9° l'affusion des yeux ; 10° des oreilles ; 11° du cou.

1° *L'affusion supérieure* a ses effets spécialement sur le buste, le cerveau, la tête, les vaisseaux du cou, du pharynx, du larynx, sur les poumons et le cœur. Cette affusion ne doit pas être pratiquée, au début du traitement, par ceux qui ont de violentes congestions, ou une maladie organique du cœur bien reconnue, car l'affusion supérieure agit avec force sur les nerfs pneumo-gastriques et, conséquemment, sur les organes qu'ils tiennent sous leur dépendance.

La longue expérience de Kneipp lui permet d'affirmer que l'affusion supérieure, qu'il prescrit avec ménagement dans les maladies du cœur, ne peut être dangereuse, si elle est donnée selon l'indication d'un sage hydropathe. Elle règle la circulation et ne peut donc que venir en aide au cœur fatigué soit par l'hypertrophie, soit par une maladie aortique.

L'affusion supérieure peut être prescrite, dès le début du traitement, aux malades d'un tempérament fort, surtout s'ils souffrent de la tête, des yeux, des oreilles ou du cou.

Les demi-bains se combinent utilement avec

l'affusion supérieure : ils établissent l'équilibre dans la circulation, car ils attirent vers les membres inférieurs et les viscères abdominaux, le sang que l'affusion supérieure avait fait affluer aux viscères thoraciques.

Manière d'opérer. — Ainsi que le montre la figure, le patient se placera de telle sorte que l'épaule gauche soit moins élevée que l'épaule droite. L'infirmier dirige le jet sur le côté gauche de la poitrine, lui fait descendre et remonter le bras droit et contourner l'épaule.

Ensuite le jet restera au dessous de l'omoplate droite de telle façon que l'eau s'étende en nappe égale sur la moitié supérieure du corps et s'écoule des deux côtés du cou. Relever la tête, tâcher que le pantalon ou les vêtements inférieurs ne soient pas mouillés. Pour que l'eau arrose uniformément la partie supérieure du dos, le jet peut se promener et tracer différentes lignes d'eau allant du cou aux épaules, aux omoplates et aux bras.

2° *L'affusion dorsale* opère sur tout le corps de la même manière que l'affusion supérieure, mais principalement sur les poumons, l'épine dorsale, la moelle épinière, les reins, le cœur et l'estomac. Par suite de la grande surface qu'elle atteint, cette affusion est un puissant excitant et tonifie tous les muscles.

Celui qui ne pourrait pas supporter l'affusion dorsale, devrait la remplacer par des compresses

dorsales ou par l'affusion des genoux avec la lotion du buste.

Manière d'opérer. — L'infirmier dirige le jet sur le talon droit, remonte jusqu'à la hanche, puis répète le parcours. Il passe au talon gauche et opère de même, puis au côté droit et monte jusqu'à l'épaule ; le patient se lavera alors abondamment la poitrine pour éviter l'afflux violent du sang vers le cœur.

Le jet est porté au côté gauche, monté jus-

qu'à l'épaule gauche; puis l'échine est arrosée en zigzags. Le jet redescend jusqu'au talon droit, pour reprendre plus lentement le même trajet, toujours de droite à gauche, en s'arrêtant davantage aux parties musculaires proéminentes, et en passant plusieurs fois aux bras et d'une épaule à l'autre.

3° *L'affusion antérieure* est rarement appliquée seule; elle est combinée avec d'autres affusions, par exemple, avec l'effusion dorsale. Elle commence au pied droit, et traite le côté antérieur

du corps de la même façon que l'affusion dorsale opère sur le côté postérieur. Elle est fortifiante et stimulante pour la poitrine, les poumons et les viscères abdominaux.

4° *L'affusion des jambes* est efficace quand on veut agir sur l'estomac, les intestins, et les autres viscères du bas-ventre. Sortir du lit chaud, prendre l'affusion des jambes et rentrer au lit, est très avantageux dans les cas de sciatique. Cette affusion dirige le sang dans les pieds en décongestionnant la tête.

Manière d'opérer. — Le jet est d'abord porté sur le pied droit, puis remonte jusqu'au genou dont il fait plusieurs fois le tour; on répète plusieurs fois le trajet. Le pied et la jambe gauche sont traités de même. Le malade aura soin de porter en avant la jambe visée par le jet, afin que l'eau s'y répande plus uniformément et comme en nappe régulière. L'eau, versée de nouveau sur le pied droit, atteint le genou, la hanche, et redescend le long de la jambe droite. La jambe gauche est traitée de même; ensuite le jet remonte vers l'abdomen, qu'il parcourt à plusieurs reprises. Le malade se retourne, et l'infirmier opère de même sur l'autre côté du corps.

5° *L'affusion des genoux* combat le froid persistant des pieds, les maladies de la tête et du bas-ventre.

Manière d'opérer. — L'infirmier dirige le jet sur le pied droit, le long de la jambe et sur le genou dont il fait plusieurs fois le tour, puis il reprend le même trajet. Le pied gauche est traité de la même manière. Le malade se tourne et l'infirmier opère de même sur la partie postérieure des jambes.

6° *L'affusion totale* est l'affusion dorsale suivie de l'affusion antérieure. L'expérience montre qu'elle est moins pénible à supporter que l'affusion dorsale seule. Ses effets sont plus généraux et plus énergiques. Elle a pour but d'atteindre certaines douleurs ou malaises rebelles aux autres affusions; elle a les effets des autres affusions et en possède de particuliers, s'il s'agit de distribuer uniformément la circulation.

Manière d'opérer. — L'affusion totale est une affusion dorsale suivie d'une affusion antérieure.

On peut quelquefois remplacer l'affusion totale par l'affusion supérieure, et l'affusion dorsale par le demi-bain.

7° *L'affusion dite fulgurante.* — C'est l'affusion totale dans laquelle la force de percussion du jet a été rendue plus grande. Cette application, dont il ne faut pas abuser, est, entre les mains de l'hydropathe habile, un puissant moyen d'action; mais elle doit être donnée avec beaucoup d'uniformité et une rapidité telle que la plus grande partie possible du corps soit saisie au même moment; alors seulement elle n'est pas irritante. C'est cette affusion qui régularise le mieux la circulation en éliminant les matières malsaines.

En général, dans toutes les affusions, la tête et la colonne vertébrale doivent être ménagées; l'affusion fulgurante peut cependant les comprendre si le patient a depuis longtemps déjà suivi avec succès les autres applications.

C'est avant cette affusion surtout qu'il faut développer une très grande chaleur dans l'organisme; cette chaleur est moins rigoureusement exigée pour la réaction qui suit. L'affusion, dite fulgurante, a de très bons effets sur les maladies localisées dans les yeux, les oreilles, les joues, les dents, sur les arrêts du sang et les tumeurs.

Manière d'opérer. — Le parcours est le même que dans l'affusion totale ordinaire. L'infirmier fera prendre au jet diverses formes (pluie, éventail, dard) et divers degrés de force; il aura soin de le diriger surtout sur les muscles saillants du corps.

8° *L'affusion de la tête* est ordinairement réunie à l'affusion supérieure ou à l'affusion fulgurante. Elle n'est pas à conseiller en hiver; elle doit être interdite à ceux chez qui elle cause des chaleurs de tête. Aussitôt après, il est important de bien sécher la tête. Cette affusion est efficace pour fortifier les nerfs de la tête et de la vue.

9° *L'affusion des yeux ou du visage* se donne toujours en éventail, contre les maladies des yeux, et, le plus souvent, après l'affusion dite fulgurante. Les paupières fermées sont doucement arrosées.

10° *L'affusion des oreilles* agit contre les maux des oreilles. Elle n'est pas dirigée à l'intérieur des oreilles, mais autour et surtout derrière.

11° *L'affusion du cou* est ordinairement réunie à l'affusion supérieure; elle doit décongestionner le cerveau, fortifier les nerfs.

12° *L'affusion des bras* se fait à la manière de l'affusion des genoux. Le jet part de la main pour monter à l'épaule. Cette affusion est un bon réconfortant pour les anémiques et les affaiblis.

IV. — *L'eau agit comme vapeur.*

1° Dans les bains de vapeur; 2° dans les bains chauds; 3° par les linges mouillés chauds.

A. — BAINS DE VAPEUR

En raison de leur force d'action, les *bains de vapeur* doivent être rares. Le malade ne les prendra que d'après la prescription de l'hydropathe, et en se conformant à toutes les explications reçues de lui; ainsi seulement le remède sera sans danger et apportera des résultats bienfaisants.

Les bains de vapeur sont: *a*) bain de vapeur de la tête; *b*) bain de vapeur des pieds; *c*) bain de vapeur du corps; *d*) bains de vapeur topiques.

En réalité, tous les bains de vapeur sont topiques, mais les trois premières espèces ont un effet général sur le corps; elles ont cet avantage qu'elles fortifient la partie malade en faisant converger vers elle l'activité circulatoire de toutes les parties saines du corps.

Leur but est : 1° de préparer l'organisme à recevoir les applications froides : aussi prescrit-on fréquemment des bains de vapeur au début du traitement.

2° D'agir plus fortement sur les organes intérieurs. Il est très important, après un bain de vapeur, de ne point s'exposer à un refroidissement. C'est pourquoi il convient de le faire suivre d'une lotion totale, ou de l'ablution des parties où s'est produite la transpiration ; on évitera les courants d'air en se tenant dans un endroit chaud, jusqu'à ce que la sueur ait disparu de la tête.

a) *Le bain de vapeur de la tête* a une durée maximum de vingt minutes ; il doit toujours se faire avec de l'eau dans laquelle ont été jetées des plantes aromatiques, selon l'ordonnance de l'hydropathe. Ces plantes sont le fenouil, les fleurs de foin, de sureau et de tilleul, la menthe, la mille-feuille, le mille-pertuis, le plantain et l'ortie.

Ces bains sont particulièrement proscrits dans les cas d'anémie pour augmenter la chaleur naturelle ; de refroidissement, de congestion, d'apoplexie et de maux de tête ; de tumeurs et d'éruption à la tête, d'inflammation des yeux, de maladies des glandes lacrymales, d'écoulement ou de bourdonnement des oreilles; d'inflammation des amygdales, d'engorgement du cou, de gonflement des glandes, de rhumatisme de la nuque et des épaules; d'asthme et de

respiration pénible, de fièvre muqueuse et d'affections catarrhales.

Ils opèrent sur tous les organes extérieurs de la tête et du nez, sur les bronches et les poumons.

Manière d'opérer. — Ainsi que l'indique la figure, le malade met à nu la partie supérieure du corps et se ceint les reins d'un linge. Après avoir posé sur un escabeau le vase contenant l'eau bouillante et les herbes, il se tient penché au-dessus; il peut être assis sur une chaise élevée et à dossier et prendre son point d'appui, par les deux mains, sur le dossier d'une autre chaise placée en avant du récipient à vapeur. Il s'enveloppera d'une couverture qui comprendra évidemment, dans son pourtour, le récipient et les deux chaises, fermant ainsi toute issue à la vapeur. Après les premiers instants de suffocation, le malade aspirera la vapeur, pour la faire entrer dans la bouche, le nez et les poumons et il exposera séparément chacune des oreilles.

b) *Bain de vapeur des pieds.* — Sa durée ne

doit pas excéder vingt à trente minutes, et il ne doit pas être pris trop chaud. Afin de ne pas brûler les pieds, le vase ne sera rempli qu'à moitié. On mêlera à ce bain des plantes aromatiques et principalement des fleurs de foin.

Pour les pieds, il est un remède contre l'excès de sueur, le froid habituel, les tumeurs, les abcès aux ongles, les cors, les ongles incarnés, les maladies infectieuses ; en général, on le prescrit dans les cas de refroidissement, congestions, maux de tête, rhume de cerveau, crampes intestinales, etc.

Manière d'opérer. — Les pieds et les jambes ayant été mis à nu, on posera les pieds au-dessus d'un récipient à moitié plein d'eau chaude et d'herbes. On aura soin de placer au-dessus de ce vase une planchette sur laquelle poseront les pieds.

c) Bain de vapeur du corps. — Ce bain opère sur les viscères abdominaux et les parties inférieures du tronc.

Sa durée moyenne est de quinze à vingt minutes ; l'eau employée doit être mêlée d'herbes, particulièrement de fleurs de foin, de paille d'avoine et de prêle.

Les fleurs de foin sont prescrites dans les cas

d'abcès de la vessie, de rhumatisme ou de spasme de l'abdomen et d'hydropisie. Une poignée de fleurs de foin est mêlée à l'eau bouillante et les fleurs sont cuites pendant un quart d'heure.

On peut employer les mêmes fleurs plusieurs fois pour en faire sortir, par la cuisson, tout l'arôme et en préparer plusieurs bains de vapeur successifs.

(Les fleurs de foin sont le résidu que le foin *naturel* laisse tomber dans les granges. A tout autre foin, il faut préférer celui qui provient des prairies naturelles *sèches*.)

La paille d'avoine sert contre les affections rénales, la goutte, la pierre. Une poignée est mêlée à l'eau bouillante et cuite pendant une demi-heure.

La prêle est très efficace contre les catarrhes vésicaux, les crampes de la vessie, la rétention et l'incontinence d'urine. Elle est cuite pendant dix minutes.

Manière d'opérer. — Après s'être découvert depuis les cuisses jusqu'à l'estomac, le malade s'assied sur une chaise percée, dans laquelle a été placé le récipient à vapeur. Il s'entoure d'une chaude couverture et la vapeur se répand sur le corps, qu'elle fait entrer en transpiration.

Le temps écoulé, on fera une lotion totale ou une affusion, pour arrêter la transpiration.

Il faut observer que, contrairement à un usage ancien, il n'est pas nécessaire, dans le cas de refroidissement, de faire entrer le malade en une longue transpiration qui ne fait que l'affaiblir. Une transpiration modérée, comme nous le prescrivons, est beaucoup plus salutaire.

d) *Bains de vapeur topiques.* — Les bains de vapeur locaux sont employés dans les cas où une partie du corps est atteinte ou lésée par des inflammations, congestions, morsures, brûlures, ecchymoses, contusions, etc. Ils comprennent les bains de vapeur du cou, des mains, des bras, des oreilles, des pieds, etc.

Mgr Kneipp établit qu'il faut toujours mêler à l'eau employée des plantes médicinales.

Il recommande : pour les yeux, les fraises, le fenouil, la mille-feuille ; pour les oreilles et le cou, l'ortie, la mille-feuille, le plantain ; les fleurs de foin sont prescrites contre les chairs indurées, les crampes, les cas de décomposition du sang par suite de blessures.

B. — BAINS CHAUDS

Mgr Kneipp n'est pas partisan des bains chauds, surtout s'ils ne sont pas joints à d'autres applications hydrothérapiques froides. « Leur usage « fréquent, dit-il, affaiblit le corps et développe « des rhumatismes. Sans doute, ils peuvent « plaire à la mollesse, à la sensualité, et c'est « une des causes de leur vogue ; mais ils n'en « sont pas moins nuisibles. J'affirme que trente « bains chauds de 35° C., donnés consécutive- « ment à un homme robuste, suffiront pour « affaiblir sa nature et faire disparaître l'appé- « tit ; prescrivez-lui sagement l'usage des bains « froids, les effets contraires en seront la consé- « quence. Les bains chauds ne sont qu'un « moyen terme, une préparation à l'hydrothé- « rapie froide ; ils peuvent, dans ce cas, relever « une nature trop faible. »

L'effet salutaire des bains chauds résulte de tout ce que nous avons déjà remarqué sur le chaud en général et les bains en particulier. Ils ont un effet plus efficace que les linges mouillés ; l'effet est multiplié par des herbes aromatiques.

Les bains chauds ne doivent être pris que

d'après l'ordonnance de l'hydropathe, qui en prescrira le nombre, le degré de chaleur et la durée. Ils doivent toujours être suivis d'une lotion totale froide; le pédiluve ou bain de pieds chaud fait seul exception.

Les bains chauds sont: *a*) le bain des pieds; *b*) le bain de siège; *c*) le bain complet; *d*) le bain alternativement chaud et froid.

Les bains des pieds agissent presque comme les bains de vapeur des pieds; les bains de siège comme les bains de vapeur du corps; les bains complets ont la force des deux bains précédents réunis et agissent contre la goutte, les rhumatismes, les crampes, la podagre ou goutte des pieds.

a) *Le bain des pieds* a une température de 31° à 33° C.: une poignée de sel, deux poignées de cendre et de bois y sont mêlées. Sa durée est de douze à quinze minutes. On peut y mêler aussi des décoctions de fleurs de foin, de paille d'avoine; la durée est alors de vingt à trente minutes. Les fleurs de foin peuvent aussi entrer directement dans le bain; la paille d'avoine n'y entre pas.

b) *Le bain de siège* est mêlé de décoctions de fleurs de foin, de paille d'avoine, de prêle, selon les résultats à obtenir et selon les indications faites à l'article des bains froids. Sa durée est d'un quart d'heure.

c) *Le bain complet* chaud ne doit être pris qu'une fois par mois à la température de 31° à 33° C.; les personnes âgées peuvent donner au bain 33° à 37° C. Il est bon d'y mêler des herbes et même plusieurs sortes d'herbes à la fois.

d) Dans le *bain alternativement chaud et froid*, le bain chaud peut avoir une plus haute température; on peut, sans inconvénient, l'élever jusqu'à 40° et 44° C., parce que son action est de peu de durée. Le patient reste dix minutes dans le bain chaud et entre une minute dans le bain froid; ce procédé se répète jusqu'à trois fois pendant la demi-heure que dure le bain.

Cette espèce de bain réveille une nature affaissée et lui donne du calorique.

C. — LINGES MOUILLÉS CHAUDS

On emploie parfois chauds : le *grand maillot*, *la compresse abdominale*, et les *maillots du cou et des genoux. La chemise aux fleurs de foin n'est employée que chaude*; on fait une exception quand on en veut prendre deux en un seul jour; la seconde doit être froide.

Le but des linges mouillés chauds est d'amener, au début d'une cure, du calorique à des individus froids, ou d'agir contre certaines maladies aiguës, comme le choléra.

Les linges, en général, sont ou des réfrigérants ou des réchauffants.

Il s'agit de savoir, pour leur application, si le malade a besoin d'un réfrigérant ou de calorique. Toutes les applications de linges sont froides quand l'ordonnance ne dit pas expressément qu'elles soient chaudes. S'agit-il de renouveler un linge, le linge froid est renouvelé froid, le linge chaud est renouvelé chaud.

La *compresse dorsale* n'est prise chaude que dans le catarrhe vésical aigu.

La *chemise chaude aux fleurs de foin* joue un grand rôle dans le système Kneipp. Elle doit dissoudre et éliminer les matières malsaines, surtout dans les maladies de la peau et d'autres maladies chroniques, comme la goutte. Elle est très efficace; on l'emploie parfois trois jours consécutifs et une heure et demie par jour. Après ces trois jours, il faut prendre d'autres applications et ne revenir à ladite chemise que deux fois par semaine.

Manière d'opérer : A l'eau bouillante, mêlez au moins trois poignées de fleurs de foin qui cuiront un quart d'heure. Passez la décoction bien chaude et imprégnez-en une chemise grossière. Cette chemise est mise, bien boutonnée et entourée d'une couverture de laine. Tâchez de ne pas transpirer. Si la sueur venait à être abondante, il faudrait abandonner l'application.

Chemise à l'eau salée. Même manière d'opérer. Dans une petite quantité d'eau bouillante, on mêle trois poignées de sel.

CHAPITRE IV

QUELQUES INDICATIONS SUR LA MANIÈRE D'ÉTABLIR CHEZ SOI UNE SALLE DE BAINS, POUR LE SYSTÈME KNEIPP.

CHAPITRE IV

QUELQUES INDICATIONS SUR LA MANIÈRE D'ÉTABLIR CHEZ SOI UNE SALLE DE BAINS, POUR LE SYSTÈME KNEIPP.

Les murs de la salle de bains seront cimentés ou couverts de plaques de faïence, de lambris peints à l'huile, ou d'une forte toile cirée, afin que l'eau n'y entretienne pas une humidité préjudiciable aux malades.

Le sol, en ciment aura une pente convenable, pour favoriser l'écoulement rapide de l'eau. Il sera recouvert d'un plancher comme celui qui est usité dans les salles de douches, afin que l'eau, s'écoulant par les intervalles des planches, ne baigne pas les pieds du malade et de son infirmier.

Si l'installation est disposée dans un jardin ou une cour, au lieu de cimenter le sol de la chambre, on pourra le défoncer à 30 ou 40 centimètres de profondeur, y mettre de petites pierres sur lesquelles sera établi le plancher dont il vient d'être question : l'eau s'écoulera dans le sol, à travers ces pierres.

Les ouvertures seront disposées de telle façon que cette salle soit facilement aérée ; cependant on veillera à ce qu'il n'y ait pas de courant d'air. En hiver, on y fera même un peu de feu, pour que le malade se refroidisse moins avant l'application et que la réaction soit plus facile et plus complète.

Trois baignoires suffisent pour les bains selon la méthode Kneipp : l'une pour les demi-bains, l'autre pour les bains de siège et la troisième pour les bains des bras. On les fera faire en zinc, galvanisé ou non ; de telle sorte, elles se tiennent propres et sont d'un maniement commode.

Pour le demi-bain, la baignoire a une forme cylindrique, 60 centimètres de haut et 60 centimètres de diamètre ; on la remplit d'eau aux deux tiers, de façon qu'agenouillé le malade ait de l'eau jusqu'aux côtes.

Une grande baignoire ordinaire est peu nécessaire, puisque Mgr Kneipp ne prescrit presque jamais de bains complets ; si l'on en a une à sa disposition, on pourra s'en servir pour la marche dans l'eau.

Le bain complet pourrait être pris dans la baignoire du demi-bain, si on lui avait fait donner un peu plus de hauteur; cependant cette disposition rend la baignoire moins commode pour l'usage auquel elle est ordinairement destinée.

Ces deux baignoires seront munies de robinets pour l'écoulement de l'eau.

Si elles doivent servir à des malades alités, ou pour des applications faites la nuit dans une chambre à coucher, on les fera fixer sur un plancher muni de roulettes.

Pour le bain de siège, la baignoire a la forme particulière que l'on connaît, à dossier en manière de fauteuil : elle doit être assez profonde pour que l'eau baigne le malade jusqu'au nombril, et assez large pour qu'il y soit commodément assis.

La baignoire des bras pourra être ovale; elle doit être assez profonde pour que les bras puissent y être plongés en entier.

A la rigueur, on n'a besoin, pour les affusions, que d'un arrosoir privé de sa pomme. Au moment de faire l'application, on remplit d'eau froide, d'eau de puits préférablement à toute autre, la baignoire du demi-bain, où on la puise pour la verser sur le malade. Toutefois, cette manière d'opérer a des inconvénients : il faut souvent remplir l'arrosoir, l'affusion n'est plus uniforme, et le jet n'y a pas la pression voulue pour toutes les affections.

Il est donc de beaucoup préférable de faire venir l'eau d'un bassin placé à une certaine hauteur, où on l'aura conduite au moyen d'une pompe foulante. On peut encore se servir d'un auto-arrosoir. Cet appareil est composé d'un réservoir de zinc placé à 4 ou 5 mètres de hauteur ; ce réservoir est cylindrique et se termine en cône à son extrémité inférieure, à laquelle est adapté le tube de caoutchouc dont se sert l'infirmier pour administrer les douches. L'eau est retenue dans le réservoir au moyen d'une boule de caoutchouc suspendue à un levier ; à ce levier est adapté un cordon qu'il suffit de tirer dans la salle de douches, pour livrer passage à l'eau.

Ce dernier système a l'avantage de permettre au malade de s'administrer lui-même toutes les affusions et de donner à l'eau une pression suffisante.

On peut encore se contenter d'envoyer l'eau dans un réservoir placé à un second étage, par exemple, et de la diriger vers la salle des douches, au moyen de tubes en caoutchouc ou en plomb de 1 centimètre et demi à deux centimètres et demi de diamètre.

ABRÉVIATIONS DES APPLICATIONS

A L'USAGE DE L'HYDROPATHE

lt. = lotion totale.
lb. = lotion du buste.
bc. = bain complet.
1/2 b. = demi-bain.
bsg. = bain de siége.
bte. = bain de tête.
bpd. = bain des pieds.
cab. = compresse abdominale.
cd. = compresse dorsale.
ca. = compresse antérieure.
esp. = manteau espagnol ou maillot total.
gm. = grand maillot.
pm. = petit maillot.
chm. = chemise mouillée.
chff. = chemise aux fleurs de foin.
chs. = chemise à l'eau salée.
s. = affusion supérieure.
g. = affusion des genoux.
j. = affusion des jambes.
a. = affusion antérieure.
b. = affusion des bras.
d. = affusion dorsale.
t. = affusion totale.
fg. = affusion fulgurante.
vte. = bain de vapeur de tête.
vpd. = bain de vapeur des pieds.
vch. = bain de vapeur à la chaise percée ou du corps.
l. = lavement.
lg. = lavement à garder.
1/2 l. = demi-lotion.
1/3 l. = lotion par tiers.
bm. = bain des mains.
mlg. = maillot des genoux.
mgf. = maillot des genoux à frictions.
mpd. = maillot des pieds.
trg. = traitement général.
vl. = bain de vapeur au lit.
rd. = régime diététique.
bm. = boisson méthodique d'eau.
eau v. = eau vinaigrée.
eau fv. = eau fortement vinaigrée.

ch. = chaud.
f. = froid.
c. = degré centigrade.
1 × = une fois.
2 × = deux fois, etc.
np. = nu-pieds.
ff. = fleurs de foin.
plv. = paille d'avoine.
pr. = prêle.
ps. = par semaine.
chj. = chaque jour.
' = minute.
" = seconde.
h. = heure.

INDEX ALPHABÉTIQUE

N.-B. — Les chiffres indiquent la page.

Abréviations usitées pour désigner les applications ... 151
Action de l'eau sur tout le corps ... 56
— comme vapeur, 72. 83, 130
— par sa fraîcheur. 63, 82
— par son humidité froide ... 66, 82, 105
— par sa pression, 70, 82, 117
Affusions ... 117
— antérieure ... 124
— de la tête ... 128
— des genoux ... 126
— des bras ... 129
— des jambes ... 124
— des oreilles ... 129
— des yeux ou du visage ... 129
— dorsale ... 121
— du cou ... 129
— fulgurante ... 127
— supérieure ... 120
— totale ... 126
Applications en hiver ... 53
Applications de linges mouillés ... 105
Bains alternativement chauds et froids ... 139
Bains chauds complets ... 139
Bains chauds du siège ... 138
Bains chauds des pieds ... 138
Bains de vapeur ... 130
— de la tête ... 131
Bains des pieds ... 133
— du corps ... 134
— locaux ... 136
Bains froids complets ... 97
Bains froids de la tête ... 100
Bains de siège froids ... 99
Bains froids des mains et des bras ... 101
Bains froids des pieds ... 101
Bains froids des yeux ... 101
Bains locaux ... 100
Bains partiels ... 97
Châle ... 115
Chaleur normale du corps ... 52
Chemise chaude aux fleurs de foin ... 140
Chemise mouillée ... 112
Chemise à l'eau vinaigrée ... 113
Chemise à l'eau salée ... 141
Compresses à la glace ... 51
Compresses froides ... 107
— abdominale ... 107
— dorsale ... 108
Compresses dorsale et antérieure ... 108
Compresses (petites) ... 108
Conseils aux débutants ... 53
Demi-bain ... 97

Demi-bain avec lotion du buste............ 98
Douches froides........ 50
Eau (l') son usage externe................ 63
Eau (l') son usage interne................ 75
Eau froide............ 40
Eau (l') n'est pas un remède universel....... 44
Eau (l') tiède........... 55
Eau vinaigrée.......... 93
Électricité............ 50
Frottement............ 49
Herbes................ 46
Humeurs................ 38
Localisation des applications.............. 56
Lotions............... 92
— du buste.......... 98
— totale........... 92
Lotion par moitié et par tiers............... 95
Maillots chauds des genoux............... 139
Maillots des genoux à frictions............ 114
Maillots chauds du cou. 139
Maillot chaud (grand)... 139
Maillots froids......... 111
Maillots froids de la tête. 114
Maillots froids des genoux............... 114
Maillots froids des pieds. 113
Maillots froids du cou.. 115
Maillot (grand)......... 111
Maillot (petit)......... 111
Maillots topiques (petits). 113
Maillot total........... 111
Maladies, leur guérison.. 37
Maladies, leur origine... 37
Manière de pratiquer les applications d'eau. 84
— Observations générales................ 84
Manière de se réchauffer dans le lit........ 54
Manière d'établir chez soi une salle de bains pour le système Kneipp............. 145
Marche nu-pieds, l'herbe mouillée, sur des sacs mouillés, sur des dalles mouillées........... 101
Massage.............. 49
Matières malsaines introduites dans le sang leur élimination...... 76
Microbes............. 38
Moyens d'endurcissement............. 101
Pourquoi il ne faut pas sécher le corps après les applications....... 56
Priessnitz............ 55
Refroidissement....... 54
Sueur (apparition de la) après l'application d'un maillot chaud... 68
Sueur après l'application d'un maillot froid. 68
Transpiration.......... 66
Vertu curative de l'eau, 43, 61

TABLE ANALYTIQUE

ATTESTATION DE Mgr KNEIPP A L'AUTEUR DE CE LIVRE...... 2
PRÉFACE.. 5
INTRODUCTION.................................... 13

I. — **Esquisse biographique sur l'abbé Kneipp..** 15

II. — **Raisons d'être de la méthode Kneipp......** 30

INDEX BIBLIOGRAPHIQUE............................ 33

CHAPITRE PREMIER

LA PENSÉE DE Mgr KNEIPP SUR LES MALADIES ET LEUR GUÉRISON. 37

La pensée de Mgr Kneipp sur les maladies et leur guérison, page 37. Introduction des matières morbides dans le sang, page 39. Comment l'eau les élimine, page 40. Réfutation de quelques objections au système Kneipp, page 41. Pourquoi Kneipp rejette : 1° les poisons comme médicaments, page 48; 2° le frottement après les douches ou lotions, page 49; 3° le massage et l'électricité, page 49; 4° les douches, page 50; 5° les compresses à la glace, page 51. Pourquoi il recommande de ne pas se sécher après chaque lotion ou affusion, page 51. Comment doit se faire le traitement : 1° pour les commençants, page 53; 2° pour les personnes faibles, page 53; 3° en hiver, page 53. Comment combattre le froid persistant au lit, page 54; les refroidissements, page 54. Méthode hydrothérapique de Priessnitz et de ses successeurs, page 55. Cure à l'eau tiède, page 55. Modifications apportées par Kneipp, page 56. Comment il traite les maladies localisées, page 56. Quelques-uns des reproches faits au système Kneipp, page 57.

CHAPITRE II

COMMENT S'EXERCE LA VERTU CURATIVE DE L'EAU. 61

§ 1. De l'usage externe de l'eau 63

I. — *L'eau agit comme remède par sa fraîcheur*....... 63
II. — *L'eau agit par son humidité froide*............. 66
III. — *L'eau agit par sa pression dans les affusions*.... 70
IV. — *L'eau agit comme vapeur*....................... 72

I. — Quatre modes d'action de l'eau employée comme remède externe, page 63. 1° L'eau froide agit par sa fraîcheur, page 63. Pensée de Kneipp sur les eaux minérales, page 65. 2° L'eau froide agit par son humidité, page 66. Comment agit l'évaporation de l'eau à la surface du corps, page 66. Comment on augmente la force des linges mouillés, page 67. Ce qu'il faut faire après certaines applications particulières, page 69. 3° L'eau froide agit par sa pression, page 70. Les affusions, page 70. 4° L'eau agit comme vapeur, page 72. Les applications chaudes, page 72. Bains chauds, page 72. Bains de vapeur, page 72.

§ 2. — L'eau est un remède par son emploi à l'intérieur de l'organisme. 75

II. — L'eau employée pour l'usage interne, page 75; sa vertu dépurative, page 75. L'eau comme boisson, page 75.

CHAPITRE III

COMMENT, PAR SUITE DES APPLICATIONS D'EAU, L'ORGANISME PEUT DISSOUDRE LES MATIÈRES MORBIDES, RÉGULARISER LA CIRCULATION, AMÉLIORER LE SANG ET FORTIFIER LE CORPS. 81

Observations générales sur la manière de pratiquer les applications d'eau 84

I. — *L'eau agit par sa fraîcheur*..................... 92
A. — Les lotions.................................. 92
B. — Les bains froids.............................. 96
C. — Moyens d'endurcissement....................... 101

I. — Comment l'eau agit par sa fraicheur dans les lotions, page 92. La lotion totale, page 92. Comment la modifier, 1° pour ceux qui commencent la cure, page 95 ; 2° pour les tempéraments très affaiblis, page 95. La lotion du buste, page 95. Lotions locales, page 96. Comment l'eau agit par sa fraicheur dans les bains froids, page 96. Bain complet, page 97. Demi-bain, p. 97. Bain de siège, page 99. Bains de la tête, des yeux, des mains, des bras, des pieds, pages 100, 101. Ce que Kneipp appelle moyens d'endurcissement, page 101. Marche nu-pieds, page 102. Marche dans l'herbe mouillée, page 103. Marche sur des dalles ou des sacs mouillés, page 104.

II. — *L'eau agit par son humidité*........................ 105

Conditions générales pour les applications de linges mouillés.. 105

A. — Compresse froides.............................. 107

B. — Maillots.. 111

II. — Comment l'eau agit par son humidité dans les applications de linges mouillés, page 105. Conditions générales dans lesquelles doivent être faites les applications de linges mouillés, page 105. Des compresses froides, page 107. 1° La compresse abdominale, page 107. 2° Petites compresses, page 108. 3° La compresse dorsale, page 108. 4° Compresse antérieure, page 108. Des emmaillottements ou maillots : 1° Le maillot total ou « manteau espagnol », page 111. 2° Le grand maillot, page 111. 3° Le petit maillot, page 111. 4° La chemise mouillée, page 112. 5° Les maillots topiques ou locaux : des yeux, de la tête, du cou, des pieds ; page 113. 6° Le châle, page 115. 7° Les petits maillots topiques, page 116.

III. — *L'eau agit par sa pression dans les affusions.* 117

III. — Comment l'eau agit par sa pression dans les affusions, page 117. 1° L'affusion supérieure, page 120 ; 2° l'affusion dorsale, page 121 ; 3° l'affusion antérieure, page 124 ; 4° l'affusion des jambes, page 124 ; 5° l'affusion des genoux, page 126 ; 6° l'affusion totale, page 126 ; 7° l'affusion dite fulgurante, page 127 ; 8° l'affusion de la tête, page 128 ; 9° l'affusion des yeux, page 129 ; 10° l'affusion des oreilles, page 129 ; 11° l'affusion du cou, page 129 ; 12° l'affusion des bras, page 129.

IV. — *L'eau agit comme vapeur*............................ 130
A. — Bains de vapeur.................................... 130
B. — Bains chauds....................................... 137
C. — Linges mouillés chauds.............................. 139

IV. — Comment l'eau agit en tant que vapeur, page 130. 1° Bain de vapeur de la tête, page 131. 2° Bain de vapeur des pieds, page 133. 3° Bain de vapeur du corps, page 134. 4° Bains de vapeur locaux : du cou, des mains, des bras, des oreilles, page 136. Des bains chauds en général, page 137. Bains des pieds, page 138. Bain de siège, p. 138. Bain complet, page 139. Bain alternativement chaud et froid, page 139. Des linges mouillés chauds en général, page 139. Le grand maillot chaud, page 139. La compresse abdominale chaude, page 139. Le maillot chaud du cou, page 139. Le maillot chaud des genoux, page 139. La compresse dorsale chaude, page 140. La chemise chaude, page 140. La chemise aux fleurs de foin, page 140. Lachemise à l'eau salée, page 141.

CHAPITRE IV

QUELQUES INDICATIONS SUR LA MANIÈRE D'ÉTABLIR CHEZ SOI UNE SALLE DE BAINS POUR LE SYSTÈME KNEIPP. 145

ABRÉVIATIONS DES APPLICATIONS A L'USAGE DE L'HYDROPATHE. 151

INDEX ALPHABÉTIQUE 153

TABLE ANALYTIQUE... 155

Tours. — Imp. Deslis Frères, rue Gambetta, 6.

OUVRAGES DE Mgr S. KNEIPP

CURÉ DE WŒRISHOFEN

CODICILLE A MON TESTAMENT.
Beau vol. in-12, orné de gravures, *broché*, 3 50; *relié*........... 4 25

MON TESTAMENT. — Avis et conseils aux malades et aux gens bien portants.
Beau vol. in-12, orné de gravures; *broché*, 3 50; *relié*........... 4 25

COMMENT IL FAUT VIVRE. — Avis et conseils s'adressant aux malades et aux gens bien portants, pour vivre d'après une hygiène simple et raisonnable et une thérapeutique conforme à la nature.
Beau vol. in-12, orné de gravures; *broché*, 3 50; *relié*........... 4 25

SOINS A DONNER AUX ENFANTS dans l'état de santé et dans l'état de maladie, ou conseils sur l'hygiène et la médecine de l'enfance.
Beau volume in-12; franco, *broché*, 2 25; *relié*........... 3 00

MA CURE D'EAU. — Hygiène et médication pour la guérison des maladies et la conservation de la santé.
Fort volume in-12; franco, *broché*, 3 00; *relié*........... 4 00

CONFÉRENCES POPULAIRES sur les douches, maillots, bains et ablutions.
In-12, orné de gravures et de planches; *franco*........... 1 35

ATLAS DES PLANTES recommandées dans le système **KNEIPP**

Cet atlas existe en trois éditions :

A. — Première édition, avec 20 planches hors texte en phototypie, *broché*, 5 50; *relié*........... 7 50

B. — Deuxième édition, avec 41 planches hors texte, reproduisant chaque plante *avec sa couleur naturelle*.
In-8°, *broché*, 12 00; *relié*........... 14 50

C. — Troisième édition, comprenant la description des plantes gravées sur bois.
In-8°, *broché*, 1 65; *cartonné*........... 2 00

MANUEL DE CUISINE KNEIPP comprenant 618 recettes variées, classées méthodiquement et expérimentées sous le contrôle de Mgr Kneipp, PAR LES DOMINICAINES DE WŒRISHOFEN. *Seule édition française autorisée.*
In-12........... 2 50

OUVRAGES SUR LE SYSTÈME KNEIPP

OUVRAGES DE L'ABBÉ NEUENS

MANUEL PRATIQUE ET RAISONNÉ DU SYSTÈME HYDROTHÉRAPIQUE DE Mgr KNEIPP.
In-12 avec gravures, *broché*, 1 75; *relié*........... 2 50

MÉDICATION INTERNE. — Régime. Hygiène alimentaire. Plantes médicinales.
In-12, *broché*, 2 00; *relié*........... 3 »

TRAITEMENT NATUREL DES MALADIES AIGUËS ET CHRONIQUES, classées méthodiquement et scientifiquement.
In-12 *broché*, 3 50; *relié*........... 4 25

AVIS

Depuis 1892 *la Librairie* **P. LETHIELLE**, **10, rue Cassette, Paris,** *publie régulièrement chaque année*

L'ALMANACH-KNEIPP

ANNÉES PARUES :

1892	0fr,50
1893	0 50
1894	0 50
1895	0 50
1896	0 50
1897	0 50
1898	0 50
1899	0 50

Collection des huit années parues, franco : 2fr,75

Tours, imp. Deslis Frères, 6, rue Gambetta.

www.ingramcontent.com/pod-product-compliance
Ingram Content Group UK Ltd.
Pitfield, Milton Keynes, MK11 3LW, UK
UKHW012038240726
13965UKWH00003B/874

9 782013 071727